河南省 2020 年软科学研究项目"服务设计理念下传统手工艺类非物质文化遗产可持续发展路径研究"（项目编号：202400410373）

河南巩义北宋皇陵文化遗迹数字化保护与利用研究

薛峰 李芳 著

学苑出版社

图书在版编目（CIP）数据

河南巩义北宋皇陵文化遗迹数字化保护与利用研究 /
薛峰，李芳著 . —北京：学苑出版社，2021.9

ISBN 978-7-5077-6257-0

Ⅰ. ①河… Ⅱ. ①薛… ②李… Ⅲ. ①数字技术—应
用—陵墓—文化遗迹—保护—研究—巩义—北宋
Ⅳ. ① K928.76

中国版本图书馆 CIP 数据核字 (2021) 第 181009 号

责任编辑：周鼎　魏桦
出版发行：学苑出版社
社　　　址：北京市丰台区南方庄 2 号院 1 号楼
邮政编码：100079
网　　　址：www.book001.com
电子信箱：xueyuanpress@163.com
联系电话：010-67601101（销售部）　010-67603091（总编室）
经　　销：全国新华书店
印刷厂：英格拉姆印刷(固安)有限公司
开本尺寸：787×1092　1/16
印　　张：14 印张
字　　数：201 千字
版　　次：2021 年 9 月北京第 1 版
印　　次：2021 年 9 月北京第 1 次印刷
定　　价：240.00 元

目录

前　言

　　北宋皇陵位于河南巩义市的西南部，占地 156 平方千米，陵区主要由北宋皇帝陵区、皇后陵区以及陪葬墓等 1000 余座陵墓构成。北宋皇陵是目前我国现存皇陵中规模最大、完整性最佳的，其中皇陵的建筑群落规模宏大，石刻艺术精美绝伦，陵区风水文化具有鲜明特色，是我国陵墓建筑当中独一无二的艺术瑰宝。在当下文旅融合的语境下，北宋皇陵又被赋予了文化自信，传承历史文明的时代精神，尤其在当下数字化、信息化的迅猛发展背景下，通过数字技术和手段保护北宋皇陵的历史遗产价值，弘扬北宋皇陵的传统文化价值，应用他的社会服务价值就显得尤为重要。

　　在前人研究的基础上，本书主要运用田野调查、比较研究、跨学科研究等方法，将北宋皇陵的数字化保护置放在文旅融合的语境下去进行深入的学理性探讨和技术性的研究。相较于前人相关研究，本书特点在于：一是从数字化保护的技术层面上首次详细的论述了以北宋皇陵为实施对象的数字化图像资源保护、数字化音频资源保护、三维数字资源保护等；二是在北宋皇陵的数字化展示方面全面梳理了目前的最新技术成果，并结合北宋皇陵的客观现实提出了可行的实施计划；三是结合当下媒体多元时代的背景，为北宋皇陵的数字化传播提供了有效路径；四是在数字化大数据的前提下，提出了北宋皇陵数字化社会服务的职能设置，并最终提出通过学、研、产、用的多维立体结合，为北宋皇陵的数字化保护和利用提供了新的思考方向。

第一章　绪论

一、研究背景与意义

近二十年来，信息化技术迅猛发展并被广泛应用于各个领域，对于文化遗产而言，三维激光扫描设备的不断更新和完善、高像素数码相机和高清数码相机的不断发展、无人机的广泛使用以及各种三维数据平台的组建，使文化遗产的数字化保护和利用有了更多可能，尤其是在新冠肺炎疫情后，线上展览展示受到越来越多人的关注，更加凸显了数字化工作的迫切性和重要性。北宋皇陵是北宋王朝（公元960年~1127年）的皇家陵墓群，集中分布于今河南省巩义市境内嵩山北麓丘陵地带，现状以遗址状态保存。对北宋皇陵进行数字化保护与利用的重构，有其特殊的时代意义和价值。让我国的文化遗产能够在数字时代真正地成为一个网络虚拟社会中"可观可感"的文化景观是未来发展主流趋势之一，国内目前针对我国的文化遗产进行数字化的保护与综合利用的新技术层出不穷，从较早已经出现的网络传播媒介技术、交互式体验技术等，到如今已经应用广泛的增强现实技术（AR）和虚拟现实技术（VR）等，数字技术的更迭给文化遗产注入了新的活力，不论是可移动文物还是不可移动文物，皆可通过数字化技术进行保护和展示，文化遗产数字化保护和利用已经成为业内人士的共识。文化遗产的数字化不仅仅是使文化遗产借助数字技术获得重生的方式，更多的是希望通过数字化技术的赋能，充分挖掘新时代文化遗产的内涵，赋予其新时代的生命力，使其在文化传承过程中产生更重要的价值和深远的影响，从而进一步促使文化遗产被广泛地延伸和利用，以全新的姿态迎接时代的挑战和机遇。

《国家"十三五"时期文化改革发展规划纲要》（以下简称《纲要》）再次明确指出，要积极协调推动当代我国中华文化事业走得好和走出去，统筹协调促进我国对外文化的研究交流、传播和积极促进对外贸易，创新中国文化传播的方式方法作为交流手段和发展途径，把中国故事讲述好，将中国特色阐释到位，让我们乃至全世界都能够有更多机会感受到中国声音，切实地听到、听清、听懂。不断提高中国在国际上的话语权，使中国形象在当今世界上不断创新得以牢固树立和闪耀发展。《纲要》也明确提出，要进一步支持加快文化艺术商品交易市场的网络建设，发展基于网络移动端和线下相结合的新型互联网文化市场业态。中共中央办公厅、国务院办公厅联合印发的《关于加强文物保护利用改革的若干意见》（2018年）明确提出，要进一步改革加强以文化科技创新为主要支撑，将"文化遗产保护利用关键技术研究与示范"项目作为国家级重点科技研发支持项目，建设我国文物保护利用领域首个国家关键技术创新研究中心及国家级科技重点科学实验室。充分整合应用移动互联网、大数据、云计算、人工智能等新兴信息时代技术，推动全国文物保护陈列馆藏品展示信息资源综合利用运营模式优化融合利用与创新，以此来推动"互联网＋中华文明"行动计划。这无疑是较为显著的加大对文化遗产保护资源管理数字化的相关政策支持保障和资金支持。此外，各地方政府也十分重视文化数字化发展，如浙江省率先运用数字化、多媒体现代信息手段，建立了浙江省非物质文化遗产综合资源数据库，让民众深切感受到非物质文化遗产的文化魅力，从而能在全社会形成文化自觉、文化自信、文化自强的意识和氛围。浙江省的非物质历史文化遗产的宣传保护已经迈进了全国的工作前列，成为我国对非物质历史文化遗产的宣传保护管理工作一个重要的示范。

北宋皇陵文化遗迹数字化保护与利用相对于传统文化遗产的展示而言，在文化资源数字化展示与重构具有独特的优势。北宋皇陵现保存有丰富的地面、地下遗存，分布范围约200平方千米。主要包括8座帝陵、17座后陵、上千座皇室陪葬墓，以及与陵墓群的营建、使用和管理相关的采石场、寺院、陵邑等各类遗存。北宋皇陵遗存数量众多、类型多样，保护需求差别较大，运用数字化保护与利用方式可以弥补传统方式在时间和空间上的缺陷，拓展出更加丰富多样、立体多维、鲜活可感的内容，使北宋留存至今的文化遗产"活"起来，帮助人们充分了解北宋皇陵的文化内涵。数字化技术还能够突破信息交流的边界和文化壁垒，以线上线下齐头并进的形式，让不同地方人文历史爱好者和研究人员系统地了解北宋王朝皇陵庞大的规模、恢宏的风格和气势、精美的雕塑和堪舆术及严格的等级制度，对北宋王朝的皇陵更加及时有效、全面深刻的认识和了解，增强其文化的传播力和文化影响力。还可以通过构建网络平台的数字信息服务，实现为用户提供在线的数字化信息检索、交流发布、信息咨询、信息共享以及个性化知识服务等内容，延展文化遗产的社会服务功能，促进地区数字经济转型发展，从而适应时代发展的潮流。

伴随着数字经济社会的发展进程，新技术得到了广泛而迅猛的应用，人们的文化观念和审美层次也在数字化技术的影响下不断发生着改变。文化遗产的数字化为人们提供更加深刻的历史文化记忆，丰富了生活中人们的体验和想象，促进了人与文化遗产之间产生情感共鸣，同时，发展无疑需要我们面对文化发展的理念、功能转换、空间维度的扩大以及展示技术手段与科学技术应用的变革以及更新等一系列的问题，对于文化遗产的基本内涵应该如何加以数字化的阐释以及与跨学科领域的交融，仍然需要我们进行深入而系统的探讨，只有基于前期充分的研究、投入、转化和实践的基础上，才能形成具有开创性、建设性的文化遗产和数字化研究成果，才能够带给人们以更多的亲历感、参与感，在实践过程中建立紧密的知识链接，增强文化自豪感和自信心。如今，文化遗产的数字化重构已经逐渐开始走向一条多元化道路，其方法和手段越来越凸显人的主动参与和互动，也更加密切地关注对文化遗产数字化艺术内涵的体现和表达，注重以寓教于乐为主要特征的体验性视觉效果，倾向于交互式、场景型、服务式的转化。同时，一系列高新技术的出现和应用也使得文化遗产的数字化表达过程进入了网络化、智能化和个性化发展的新时期。这些都对北宋皇陵的价值阐释起到更加有力的放大作用。

对北宋皇陵进行数字化保护与利用的重构，形成一套完整的数字化保护、展示、传播、信息服务和文化创意发展的方案体系，具有多方面的意义和价值：第一，推动北宋皇陵文化遗产资源数字化记录、整理，有利于充分挖掘北宋皇陵文化遗存的价值内涵。第二，从技术层面为北宋皇陵进行数字化重构提供具体对策，本课题不仅着眼于数字化保护、展示、传播、利用等方面的设计，而且从"活态利用、服务社会"的视角，突出体现北宋皇陵作为文化遗存的社会服务功能，进而提供不同路径的数字化实施路线。第三，为深入阐释北宋皇陵的历史人文价值提供了新范式和新思路，为更深层次的保护、展示、传播和利用奠定了坚实的基础，为数字化重构提供了较为完整顶层设计。通过本课题的研究，形成相对完整的数字化保护、展示、传播和利用等策略，为其活态保护和利用提供方法，推进北宋皇陵进行数字化重构，这又为巩义市在未来数字经济时代的发展赋能。

二、文化遗产数字化建设现状

在以互联网、大数据、人工智能等科学技术创新为主要手段代表的科学技术变革迅猛发展和巨大影响下，国内外对文化遗产的数字化保护研究取得了长足的发展，国际社会一直以来对文化遗产的数字化建设格外关注，有些国家已经建立了完善的数字化保护体系。因此，数字化语境下的文化遗产保护和利用工作，在全世界都被赋予了较高的关注度。从 1992 年起，为了能够更好地便于帮助进行永久性的遗产保护和尽可能多地可以使得社会公众利益最大程度上公平且充分享有世界历史文化遗产，联合国教科文组织正式着手推动"世界的记忆"（Memory of the World）这一保护项目，在目前全球最大范围内积极推动进行对世界文化遗产的持续保护和管理数字化体系建设。其核心和主题是运用现代信息技术对文化遗产资源进行数字化展示与保护。20 世纪 90 年代早期，欧洲、美国以及日本等发达地区和国家，在深入推进国家信息化工程建设的过程中，展开了对各类传统历史文化遗产信息数字化的保护

管理工作，并已初步取得了一定的社会效应和经济效益。

　　美国在文化遗产数字化领域中处于世界领先地位，是世界上最早将本国文化遗产进行数字化保护与展示的国家，并且是世界上文化遗产数字化保护技术最全面、最成熟的国家。最负盛名的是美国图书馆中的"美国记忆"项目，该项目利用国会图书馆丰富的馆藏资源，将 500 万件历史文献资料源转化为数字信息，利用互联网为观众提供在线浏览信息，将其广泛传播至世界各地，充分实践了让人类享有遗产权利的初衷。目前，这种方式已经成为美国文化遗产规模最大且最为成功的在线案例，不仅收获了巨大的社会效应，同时也获得了可观的经济效益。除此之外，美国斯坦福大学和华盛顿大学以及 Cyberware 公司，共同合作完成了数字化米开朗琪罗计划，这是一个非常成熟并且完善的文化遗产数字化保护案例，是通过三维激光扫描的方式采集米开朗琪罗生前创作的大型雕塑，最终生成三维空间的虚拟雕塑形式，这不仅非常有利于文化遗产的保存，而且有利于推动文化遗产的全球传播和展示，真正实现了文化遗产的传承、传播与发展。

　　加拿大政府于 1996 年 5 月 1 日制订了"建设信息社会——使加拿大进入 21 世纪"的一项重大行动计划方案，并为此特别提议成立了一个专门的工作组织和指导机构——建立加拿大的国家遗产保护信息化和服务网络，统筹和指导推广来自全国的遗产信息化和数字化。为文化遗产的数字化及知识的大众化做了充分的准备。1997 年，英国政府提出了"全国学习网"计划，将"全国学习网"和本国所有的大专院校、图书馆和博物馆联通起来，进而为整个社会群体提高知识获取、接受教育的机会且拓宽途径，最终将促使一个网络化"知识社会"的目标达成。法国政府在发展中把文化遗产信息网络的建设作为一个重点项目，尤其是在教育、观光等方面，很好地利用了数字化资源。

　　欧洲很多博物馆也利用了数字技术对文化内容进行了数字化存储、记录和虚拟展示，成为名副其实的数字博物馆，比如大英博物馆利用先进的数字摄影技术，将珍贵的馆藏进行高精度的拍摄，从而得以把藏品留存与传播。法国罗浮宫也完成了数字博物馆的虚拟漫游工程，在文物数字化领域取得了很

图 1-1　文物数字化呈现效果（http：//www.sohu.coma384793434_120104822）

大成就。

在亚洲，日本在对文化遗产进行数字化的保护上已经远远领先于其他国家，将传统文化的数字化作为国家文化的建设、发展和树立日本国际形象的重要战略。比如日本日立制造所的"数字源氏物语图"就已经成为日本的"数字文化大使"，成功地帮助日本树立了其传统和现代文化相互交叉融合的国际形象。而且日本还制定了专门的文化遗产数字化、信息化保护与展示制度，这种制度与计划经济又有一定的相似性，是由政府和专家承担相关责任，组成委员会，并组织相关技术人员制订计划，在经过充分讨论和论证之后，开始实践执行。

综上所述，尽管目前全球各地区的文物保护和数字化工程建设内容各不相同、水平参差不齐，但是利用这种数字化科学技术进行展示和保护的文化遗址已经形成了世界性的共识，各国对于文化遗址保护的特点也不一样，对于文化遗址保护的认识和重视程度也就会有所差异，当前全球各个世界发达国家无不以各自的国家政策作为主导、以各种公共资金方式来开放和启动各种文化遗址的数字化建设，可以说文化遗产的数字化在某种程度上已经成为评价一个国家的信息科学技术水平的重要标准。

回顾国内近二十年来，我国对于文化遗产的数字化工作也给予了极大的重视，通过一系列的政策导向等，制订了相关文化遗产数字化保护方案。2011年召开的十七届六中全会所做的《决定》，将文化遗产的保护工作，提升到国家层面的高度重视级别。然而作为有40多万处文化遗产的中国，对文化遗产的数字化建设，还暂时缺乏一套系统完整的体系，以及丰富的经验和方法。但值得肯定的是文化遗产的数字化保护，正在被我国一些高校、科研院所和机构企业所重视，越来越多的人关注到这一领域的研究。2020年12月24日，经北京市市场监督管理局批准，北京市地方标准《文物建筑三维信息采集技术规程（DB11/T1796-2020）》正式发布，旨在解决北京地区文物建筑三维信息采集工作质量参差不齐缺乏基本准则的难点问题。标准在借鉴其他领域三维信息保护技术标准的基础上，坚持了文物建筑保护的基本原则，提出并明确了有关文物建筑三维信息的采集和保护作业的要求，包括技术准备、控制和测量、数据的采集和处理、成果制作、质量检验与成果归档等方面的基本技术要求，为如何采集文物建筑的信息，如何设置和选择合理有效的采集精度，如何处理验收归档提供了解决方案，该标准在全国范围内也具有开创性的意义。回顾当下，国内文化遗产数字化保护领域，主要以下列几个大型数字保护项目为典型代表。

"数字敦煌项目"：微软亚洲研究院和中国敦煌研究院共同启动联手投资为中国敦煌历史文化中心建设项目打造了"飞天号"10亿级的百万像素激光数字相机拍摄系统，用于敦煌洞窟壁画的数字化记录与储存，为数字化保护工作提供了巨大的便利。将敦煌壁画进行精准的数字化扫描与拍摄，把珍贵的文化遗产资料得以以数字化形式存储于记录。我们应该看到，文化遗产虽不能永存，但利用先进的科学技术可以将文化遗产进行有效的记录、修复与保护，以数字化的方式使珍贵的文化遗产得以再生和永续，这为人们打开了一个更广阔的文化空间。

"数字故宫项目"：北京故宫博物院与日本凸版印刷公司达成长期战略伙伴合作关系，成立了隶属北京故宫文化遗产数字化应用研究所，利用现代虚拟增强现实影像技术成功创造和展出《紫禁城——天子的宫殿》等数字艺术作品，游客们无须亲自前往故宫太和殿，便可在演示厅通过自主操控进行参观，太和殿的三维影像精确地投射到巨型环幕上，充分满足了游客了解故宫文化、体验故宫精品的需求。同时中国故宫博物院在 2015 年，出品了基于智能平板电脑的 App——《韩熙载夜宴图》，将这幅静态的中国历史经典绘本人物画作重新整理再现并形成一场色彩声像图文并茂，且内容极具艺术立体感的现代艺术文化盛宴。而在 2010 年的上海世博会上，水晶石数字科技有限公司就已经通过巨型环幕投影的沉浸式体验方式，将《清明上河图》数字化重构出来。

"数字圆明园项目"：清华大学和北京市文物局于 2009 年共同承担的"数字圆明园"项目，是通过三维激光扫描等先进技术，对圆明园西洋楼海雯堂的虚拟拼接复原工程的探究与保护工作。此外，北京理工大学的研究团队也曾利用增强现实技术，进行了"圆明园的数字重建"。

图 1-2　数字圆明"重返·海晏堂"3.2E-MAX 沉浸交互秀

"数字三峡项目"：中国南京大学一种充分运用三维信息成像技术、三维物体扫描成像技术和先进的高标准精度三维拍照全景摄影系统，大量采集获取关于我国三峡地区的自然历史、文化建筑遗迹、景观等的三维物体图像与地理数据，并通过设计绘制生成一个关于三峡物体与景观场景的三维数字全景模型，完整、真实、生动地再现长江三峡两岸丰富的历史文化遗址原貌。

除此之外，还有很多数字化项目和工程受到越来越多人的关注。我国目前已经成为世界上重要的文化遗产大国，各类历史和文化遗产的资源极其丰富，在世界文化遗产数字化大潮的推动下，以及构建具有中国特色话语体系的发展要求，作为文化软实力重要组成部分的文化遗产，在对增强国家民族自信心和自豪感的同时，更为核心的作用是充分发挥其在数字化背景下的社会服务功能，这将是中国为世界文化遗产保护与发展做出的重要贡献。

三、研究的内容

文化遗产记录着人类文明的发展历程，是全人类认识自身过往、探索未来的重要依据。它作为不可再生的珍贵资源，如何在时代背景下发展和传承文化精神内涵，无疑是一个全世界需要共同面对与解读的课题，某种程度而言，对文化遗产的关注也是人类社会进步的显著标志。值得我们庆幸的一点是，当下随着社会信息和网络科技的飞速发展，数字传播和网络媒体产业迅速兴起，利用数字化手段对文化遗产进行保护和利用，激发文化遗产在新时代的社会服务功能，已经逐渐成为一种更有意义和价值的发展和传承方式。

皇室陵寝及其主要墓地被普遍认为是世界文化遗产的一个重要组成部分，它们本身具有很大的文化历史收藏价值、科学性研究价值、艺术性收藏价值和重要社会应用意义。北宋皇陵被广泛认为不仅是保存中国历代王朝帝王陵最伟大的杰出文物样本，也是珍贵的古代中华文化历史遗产。本书分十个篇章探讨北宋皇陵的数字化保护与利用研究。首先在明确了本研究的背景与意义、现状与内容、思路与方法、价值与创新的基础上，围绕数字化保护与利

图 1-3　故宫博物院用数字技术还原文物全貌

用的理论进行阐释，主要突出的是文化遗产的社会服务功能；其次充分论证北宋皇陵数字化重构的必要性和可行性，通过分析北宋皇陵文化遗产的保存现状、特质与价值，进而提出北宋皇陵数字化重构的基本思路和策略；再次探索北宋皇陵在数字化保护、展示、传播、信息服务等方面的技术可能；最后展望文旅融合背景下北宋皇陵文化遗迹数字化保护与利用的可能。

四、研究的思路与方法

（一）研究思路

首先，深入理解北宋皇陵社会服务功能的社会价值、文化价值和历史价值。在此基础上，评估现有数字化技术在北宋皇陵社会服务功能运用上的适用性和可行性，并对其文化遗产范围、现状、核心特质及文化价值要素等进行细致的分析。在充分把握未来数字化技术发展趋势的前提下，确定其社会服务功能的基本思路和策略，从北宋皇陵的数字化保护、数字化展示、数字化传播、数字化信息服务这四个方面展开技术实践探索，为北宋皇陵社会服务功能的数字化重构打下坚实的理论研究和设计实践基础。

（二）研究方法

1. 文献调查法

文献调查法是十分重要的研究方法，也是开展理论研究的基础。在本书研究中，尤其是要查阅大量关于北宋皇陵的已有文献，同时充分了解文化遗产的社会服务功能等相关概念，需要研究国内外文化遗产数字化重构的典型案例及其经验。通过全面准确地了解文化遗产社会服务功能及其数字化保护、利用、开发的内涵和现状等问题，并进一步形成对本课题的系统论述和研究语境。在已搜集和掌握文献的基础上，不断关注与新的数字化技术相关的信息，进而充实研究内容。

2. 田野调查法

通过对北宋皇陵的实地案例的调研，以及对其现状的调研，收集现状资料，才能发现问题进而更有针对性地对其社会服务功能数字化重构展开研究。通过现场调研、田野勘测和采集，获取现场资料，归纳总结出其优势与不足，为设计实践提供客观、真实的基础资料。

3. 跨学科研究法

跨领域学科研究手段和方法强调不同领域研究手段的相互借鉴和渗透，这是现代学科发展的一个必然趋势。跨学科研究法是本研究课题的一种基本研究方法，最终意义就是为了实现知识和技术在数字化领域的复用和创新，即通过充分应用多学科理论、方法和研究成果，从一个整体上针对传统文化遗产社会服务职能的数字化重构。

4. 比较研究法

通过查阅和比较国内外关于社会服务功能的研究成果，进行比较研究：通过对各种典型的数字化展示功能特征进行一个系列的分析，结合国内案例的综合分析和总结，联系我国目前社会经济发展形势的基本特点和类似的案例，针对北宋皇陵的现状条件，做出相应的设计重构判断。对于相关案例的分析同样采取剖析和对比不同案例优缺点的方法，寻找值得借鉴的研究思路。

5. 访谈研究法

在以上研究方法的基础上，进一步引入访谈研究法。主要目的是在掌握了大量本文的研究数据资料基础上，对浙江省内外相关学者和专家人士进行了走访与交流，认真地听取他们对北宋皇陵社会服务功能的数字化重构看法，以对研究有所启迪。

五、研究的价值与创新

（一）研究价值

借助数字化技术，全方位、多角度地激活北宋皇陵的社会服务功能。运用数字化技术重构北宋皇陵，既能实现对其数字化保护、展示和宣传，又能活态传承其珍贵的历史、文化及教育精神，还能促进巩义地区的旅游发展。

推出具有示范性效应的多样化创新研究成果。即通过对北宋皇陵的数字化挖掘、保护，推动北宋皇陵数字化展示、传播、信息服务和文创产业不断发展。作为北宋时期国家级水平的建筑和工艺遗存，北宋皇陵展现出明显的宋代文化、技术、艺术特征，为宋代社会文化、经济、技术发展状况，尤其是皇家丧葬制度、祭祀制度、建造制度等方面的研究提供了重要物证。为我国皇家陵墓数字化重构工作的持续前进起到推动作用。

在保护、展示和传播北宋皇陵的基础上，力争巩固、突破并掌握一系列数字化文化遗产保护的新技术、新方法、新体系，从而总结出适应新时代需求的综合性、交叉性、服务性的新理念。

对北宋皇陵进行数字化重构也是为世界文化多元化、多样性、文化遗产的可持续性做贡献。联合国教科文组织（UNESCO）一直倡导尊重"世界文化多样性""遗产作为可持续性的促进力量的工程"的观念，北宋皇陵包括宋代历史文化、建造技术等诸多人文和科学要素，利用数字化技术对其进行重构，不仅能使文化遗产保护永存不朽，同时还能提升遗产的社会效益和可持续发展动力。

利用数字化技术重构北宋皇陵是为今后的发展留住文化资源。文化遗产是研究整个人类文明发展历史的宝贵经验和精髓，它是我国传统艺术的重要组成部分，它既是具有稀缺罕见性、不可复制性的特殊价值，还是人类可持续发展必须依托的重要资源，人类利用自己的智慧保护珍贵的文化遗产责无旁贷。北宋皇陵墓群是一个位于中华文明的起源与其发展的核心区域的北宋皇家陵墓群，因其独特的文化历史与价值已经成为巩义市文化资源的重要组成部分，具有很好地发挥文物见证历史、弘扬优秀传统的独特作用，是历史、文物、美学和艺术等基础知识的宣传与教育工作场所，有利于增强和提升本地人民的民族自信和对文化的自豪感，并提高社会公众对文物的保护意识与艺术欣赏的水平。北宋皇陵数字化重构将对公益地区的文化、经济发展和生态保护产生积极的促进作用，保护北宋皇陵旨在为人们留住珍贵的发展资源。

（二）研究创新

作为中国北宋王朝（960年～1127年）的皇家陵墓群，北宋皇陵埋葬有除北宋末期二帝（宋徽宗赵佶、宋钦宗赵桓）外的宋太祖至宋哲宗共七个王朝皇帝，以及被北宋王朝追封为宋宣祖的赵匡胤之父赵弘殷，故称"七帝八陵"。宋代是华夏民族文化的造极之世，北宋皇陵作为北宋皇家陵墓群，是反映北宋皇家统治思想与社会文化特质、国家仪轨、皇室规制的代表性建筑类型之一，具有重要的历史、科学、艺术价值和文化、教育价值。我国在对帝王陵墓遗迹进行数字化保护、展示和利用方面鲜有尝试，目前尚未发现国内对综合性遗产有全面而具体的数字化保护、展示和利用的先例，本书针对北宋皇陵无疑走在了此类数字化重构的前列。通过对北宋皇陵的数字化保护和利用的实例探析，可以建立一套陵墓遗迹数字化保护、展示和利用的示范案例，从而更好地促进文旅融合背景下陵墓文化遗迹的社会服务功能的发挥。

第二章 文化遗产的社会服务功能与数字化保护利用

2018 年，中共中央办公厅、国务院办公厅相继印发了《关于实施革命文物保护利用工程（2018 年～ 2022 年）的意见》《关于加强文物保护利用改革的若干意见》（以下简称《意见》）提出"促进文物旅游融合发展，推介文物领域研学旅行、体验旅游、休闲旅游项目和精品旅游线路"，当下文化遗产在数字化技术赋能的条件下已然突破了时间、空间维度拓展出了新的虚拟空间世界，并将文化和旅游更加契合地融为一体。文化遗产的数字化保护与利用的理论关键在于激活文化遗产所具有的"社会服务功能"，由于文化遗产的社会服务功能是文化遗产功能的延伸和扩展，因此要弄清这一概念的内涵，需要先从文化遗产的功能说起。

一、国内外相关研究成果综述

散布保存于世界各地的不可重复流传和难以移动的历史文化遗产，都被认为是在人类古代文明进步发展过程中的伟大创造，是当地重要的文化艺术品和历史文化遗产资源，也是各个国家重要的历史文化财富。这些不可能被移动的世界文化遗产庞大数量，因为体量、材质及制作工艺等原因，这些文化遗迹仅能被保留在原处。诸如位于中国的敦煌石窟、云冈石窟、克孜尔石窟等，还有埃及的金字塔、秘鲁的马丘比丘遗址，如此等等，不胜枚举。不可移动的历史文物如今已经完全具备了被人们认为或者是已经受到相关国家严格管理保护，而在当地也已经成为知名度比较高，又是具有一定影响力的旅游胜地，也至于像马丘比丘那样的一个国际著名旅游胜地已经是许多驴友必须要去的打卡地。毋庸置疑，能够被广泛认为并且真正代表一个国家的这种不可迁移历史文化遗产对国家与城市的重要程度自然是难以相比和替代的。所以，当国外的观光游客来到中国，"不到长城非好汉"则已经逐渐变成了一个最基本的文化参观和历史见证活动项目，如同我们在埃及对一座金字塔的膜拜一般。

不可移动的文化遗产由于其历史的久远而向我们透露了许多可知和不被认识的历史文化资源信息，它们的存在，就是对历史的见证。所以，不论一个人的生活背景和文化水平如何，他们所面对的不可移动性文化遗产中的可游、可观、可思、可想、可研、可学，都会带来各自的不同感受和收获，而这也恰恰是传统文化旅游的独一价值和特别的魅力。

文化遗产是我国乃至世界各地文明发展历史中的一份精华，它是社会文化的重要一部分，它在意义上具有稀缺的罕见性、不可复制性，在长期为社区和群体服务的过程中，文化遗产促使人们在实践中产生了一种文化认同感和延续感，在实现满足自己个人需求和社会发展的需要中也具有重大的功能。新时代背景下，文化遗产作为人类适应自然和社会环境的制度遗产形式，拥有比较完善的组织和运营网络，形成了一套行之有效的体系。

英国著名的人类学家马林诺夫斯基在其文化功能理论中提出"需要"与"功能"分别是两个核心概念，人有基本的需要（包括生物性的需要）和其衍生性的需要（包括文化性的需要），为了满足基本的需要，人类需要自己生产粮食、建设住宅、缝合衣服等一种人文生活方式，在这个完全满足自身需要的过程中，人就为自己创造了一个新的、衍生的环境，即所谓文化。这个用文化来满足人们基本需要的方式，就是功能。而功能理论的另一位著名的人类学家拉德克利夫－布朗在其关于结构性的功能理论中明确地提出，功能本身就是一种整体内部的一些活动对于整体生命活动所做出的贡献，一切文化和事物等现象都应该具有特定的功能。无论它们是整个社会或者是社会的某个群体，都应该是一个职能的统一。构成系统整体的每一个部件之间要相互配合、协调一致，研究时需要找到每一个部件的功能，才可以了解它的意义。文化遗产的社会服务功能显然是一个新兴的概念，国内外学术界关于文化遗产社会服务功能并没有形成统一的认识。

但不论是从文化功能论视角出发，还是从结构功能论视角出发，都可以用来解释文化遗产在人类社会中的作用，以及文化遗产如何满足和适应人的需求、如何保证社会整体有序、均衡运转的内涵。在服务社会与群体大众文化需要、满足人们的精神生活需要的过程中，文化遗产无疑起着十分重要的功能。

（一）国外相关成果简述

国外关于文化遗产的社会服务功能的研究和实践主要是在与文化遗产相关的组织机构的引领下展开的。2007 年联合国教科文组织提出"5C"战略，强调社区和文化遗产可持续发展的重要性；2011 年 ICOMOS 大会提到"遗产的保护和保存应考虑到未来的环境、社会和经济需求"；2015 年 ICOMOS 采用了联合国关于可持续发展的 2030 议程（UN Agenda 2030 for Sustainable Development）；2016 年 ICOMOS 大会采用了新城市计划议程（New Urban Agenda），标志着其从传统历史文化和人类自然人文遗产保护研究两个方面开展工作的研究重心已经开始逐渐转向了针对 2030 计划议程和关于新城市计划议程的组织执行；2017 年在《国际古迹遗址理事会对联合国 2030 年可持续发展议程的关注》中也明确地提出了"遗产作为可持续性的促进力量的工程"的基本概念；除此之外，欧洲、非洲等多个国家也纷纷组织推出了与人类文化遗产及其可持续发展密切联系相关的各项研究成果报告和保护政策，可见将其作为文化遗产及其社会可持续发展相互间的关联已经逐渐发展成为当今全世界的普遍认知共识。

在近几年的国际文化遗产实践案例中，激活文化遗产功能、活化作用文化遗产的案例不胜枚举。1987 年，被列为世界文化遗产名录的墨西哥圣卡安自

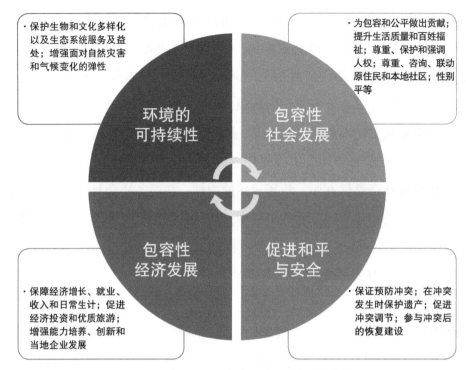

图2-1 世界遗产可持续保护发展的精神内涵

然遗产的社区管理环境保护重点项目，在一种把当地的景观作为一个整体的主题研究方法的引领和指导下，成功地开发了渔业捕鱼服务行业的专家合作社模式，带动了民众的参与积极性，开发了本土渔业产品、农产品等具有辨识度的品牌，将当地的旅游生产经营、当地优秀特产的有机信息认证以及传统的手工艺与市场营销方式进行了整合，避免了无序的管理、过度开垦以及各种利益冲突，同时，这样的社区群体性行动又保证了其经济效益和行政处置管理的稳定。

英国的埃夫伯里遗址和巨石阵遗址都是新石器时期的遗址，被列入《世界遗产名录》，但是旅游文化侵入却让当地人和遗址之间产生了一种剥离的情绪。因此当地通过搜集口述历史、图片和影像、文章等信息，使该遗产的社会价值和内涵意义得到了拓宽。基于对新的遗产价值进行阐释，多层次地开发传统文化旅游项目，指引当地群众积极参与传统文化遗产的运营，从而再一次激发了居民和传统文化之间互动的主体参与积极性。

意大利的赫库兰尼姆古城建筑遗址，曾于 2002 年被评为非战乱性国家保护古建筑遗址保护管理工作中最差的典型保护案例之一，后来又在经过了一系列技术改善和保护措施的重新探索后并加以不断改进，于 2012 年终于焕然

图 2-2　埃夫伯里遗址和巨石阵遗址

图 2-3　意大利的赫库兰尼姆古城建筑遗址

一新，成为各国纷纷效仿的案例。这些政策措施主要包括：鼓励和允许私营的合作伙伴（或慈善机构）为公共的合作伙伴和企业提供经营运行支撑，创建一支由来自国际、国家、本地的专业人员组建的跨领域、多学科的研究团队，创建地方和全球的国际科技研究合作者网络，推动对遗产地的宣传；推进公共资源在对遗产保护上的综合应用，综合考虑古城内居民对于价值的看法、遗产对于地区的影响、遗产保护对于地区的影响、遗产管理对于地区内的居民、遗产和环境影响，帮助居民转变和提升古城内的文化和业态，从而促进遗址能够在居民日常生活和经济的各种活动中起到更加积极的引导作用，确立遗址管理与地区之间的相互优势。这些政策措施促使遗址能够在居民日常生活和经济服务等各项工作中发挥更为有利社会服务功能性，从而促进了居民日常生活和当地遗址间关系更加密切，使得遗址的区域性业态逐渐稳定增强。

美国伊利运河的案例以其管理规则——《伊利运河国家遗产廊道保护管理

规划》为一大亮点，规划中对自然环境、旅游方式、经济增长提出了具体要求，并明确指出运河要作为地区、全国与国际游客的旅游目的地，同时讨论了很多开发理论，如农业的提升、品牌的推广等。

韩国的南汉山城为了解决现存矛盾，建立了社区参与制度，其具体的参与方式包括建立居民保护组织委员会、组织"一处文化遗产、一位保护管理者"项目、发展多样化的文化旅游计划、开展教育与培训项目等。

总体上看，国际上对文化遗产的社会服务功能的研究已经较为成熟，并且具有一定深度。国外研究深化的逻辑主线主要是沿着一般性文化遗产功能，到国际性文化遗产功能，再到世界文化遗产的功能逐步演化的。文化遗产所具有的能级，是决定其功能性质和构成差异的主要因素。同时，也应清楚地看到，国外研究并未明确提出文化遗产的"社会服务功能"的概念及理论框架，但其中一些研究成果和实践探索已经涉及对文化遗产的社会服务功能的认识，特别是欧美一些地区对世界文化遗产功能的深刻认识，值得我们借鉴和思考。

（二）国内相关成果简述

国内对文化遗产的社会功能研究的理论及实践亦是逐步积累的过程。2005年12月，由国务院颁布的《关于加强文化遗产保护的通知》，是首次在正式文件中以"文化遗产"这一术语取代了过去常用的"文物""古迹"等概念，并将文化遗产分为物质文化遗产和非物质文化遗产两类。然而长期以来，文化遗产的"社会服务功能"的概念一直缺少明确、统一的定义，但已有学者从实践角度对文化遗产的功能内涵及特点进行了较为详细的解读。结合实例可知，文化遗产的社会服务功能主要体现在三个方面，即教育方面、科研方面和经济方面，通过对文化遗产的数字化重构及合理利用来促进社会的均衡发展。

文化遗产的保护和合理利用是以公益性为主要目标的一种社会事业，在对文化遗产的保护和合理利用过程中，相对于其经济效益而言，公益性本身就是最根本的价值观和核心，文化遗产对于社会发展的推动和促进作用则是相对于其他对于国民经济和社会发展的推动和促进作用更加明显，且这一功能是具有不可替代性的。文化遗产事业的社会公益性突出表现为教育、科研两个方面，而其经济方面的作用一定程度上也体现着其公益性。具体而言，文化遗产事业在教育和科研方面的功能如下：

1. 文化遗产的教育功能

文化遗产在教育方面的作用功能主要是指为了进行学术研究、教育、鉴别和欣赏的目标，收藏、保护、展示人类生态文明活动及其自然环境影响的见证品，向社会公众提供开放的一种非营利、永久性的社会服务组织，其中包括以国家博物馆（院）、纪念碑（舍）、美术（文物艺术）馆、科学博物馆、展览室、陈列厅等专有的名称来组织和开展各种文明活动的单位机构，具有社会性教育、辅助性教学、休闲性课程、业余知识型教育等特点。文化遗产是兼具历史和文化方面的物质性及在传播传承中的物质与精神两者的兼顾，其所需要服务的对象应该是整个社会公众，包括各种专业背景、知识技能水平、年级等层次的每一个人。这就使得那些凝聚着优秀传统和精髓的优秀文化遗产被认为是弘扬其民族精神，增强爱国主义、社会主义和革命等传统文化教育所必需而又无法替代的资源。通过对文化遗产的展览宣传和陈列展示，可以充分陶冶我们每一个人的思想情操，提高广大人民群众的科学文化素养，丰富广大人民群众的思想文化和精神生活，使广大人民群众的科学文化权利能够具有更好地维护；通过对文化遗产的传承与其历史熏陶，有利于人们建立起正确的世界观、人生观和价值观。

2. 文化遗产的科研功能

对于历史研究而言，文化遗产被认为是基本的历史证据和理论线索；对于科学技术的研究而言，文化遗产的保存具有直接的实际应用价值。文化遗产的保护及其科研职能所创造出来的研究成果，往往能够被人们将其转变成对文化遗产本身的一种全新认知，进而经由各种方式和途径被社会公众所广泛地了解和学习，因此也可作为教育功能的有益补充。例如位于河南省安阳市的殷墟，作为中国第一个已经有大量文字资料记录并经过多次考古挖掘结果验证的商代晚期古都遗址，以其重要的学术科研价值已经成为中华文明乃至整个人类文明历史上不可或缺、璀璨的一页，成为人类文明的进程中一个重要的历史里程碑。文化遗产的丰富种类，其在我们的人文史和科学技术方面都已经变为重要的乃至在一定领域所必需的科学研究载体。

3. 文化遗产事业对国民经济发展的促进作用

文化遗产的保护在推动区域经济增长的同时，也实现了保护文化遗产、解决就业、提高居住条件等的公益功能。浙江省桐乡市乌镇的发展是以文物旅游推动地方经济社会的全面发展而闻名的典型。乌镇是一个拥有 1300 年悠久历史的江南水乡古镇，其中的水乡古建筑和传统民俗文化被认为是我们国家重要的物质与非物质文化遗产，全国重要的文物保护单位茅盾故居亦坐落在其中。传统优秀文化遗产的经济职能除了体现为显示出部分的公益性，也直接体现为对国民经济增长的促进作用。

这种推动性的作用从两个主要方面得到了体现：一是我国的文化遗产事业本身具备多种经济收入来源；二是我国传统文化遗产事业也具有影响范围比较广阔的间接性的经济贡献。文化遗产在许多行业内不仅是其生产要素甚至是其核心的竞争力。与文化遗产密切相关的各类文化产品所涉及的各项经济活动都对其经济发展起到越来越重要的推动作用。在这些经济活动里，受到影响水平比较高的主要是传统文化旅游及其他文物的流通运输。文化旅游能够对经济社会产生整体性的联动效应，带动旅游业及其他相关行业的发展。而文物流通运输经营产业近几年来取得了迅猛的发展。

新中国成立以后，各级政府十分重视北宋皇陵的保护工作。1963 年北宋皇陵被定为省级文物保护单位，1982 年北宋皇陵被定为全国重点文物保护单位，伴随着《北宋皇陵》一书的出版，1984 年发掘了宋太宗元德李后陵，并成立了永昭陵管理处，随后全国学者对北宋皇陵的石刻艺术、村落史、帝陵布局、北宋丧葬特点、陵寝制度等进行了深入研究。2006 年，北宋皇陵被列为"十一五"国家 100 处大遗址保护重点工程，成立北宋皇陵管理处，尤其值得注意的是陵区在当时采用了最为先进的集群数字地下拾音报警系统，在陵区的数字化保护过程中开始迈开了第一步。

（三）总体评述

关于文化遗产的社会服务功能的研究是逐步深化的，从文化遗产的功能研究到文化遗产的社会功能研究再到文化遗产的社会服务功能研究，随着时代的发展，文化遗产的社会服务功能也在不断转变和拓展。通常，满足自身发展需求的功能是文化遗产的内部功能，而对外部产生作用和影响的功能是文化遗产的外部功能，而社会服务功能包括文化遗产的内部功能，但更多的是指文化遗产的外部功能，是文化遗产在国家或一定区域范围内所起的作用以及承担的责任。当然，在各种各样的文化遗产社会服务功能的背后，对应的是不同性质的、不同功用、不同特点的文化遗产的主导性功能，无论如何进行功能类别的划分，社会服务功能无疑是所有文化遗产功能的重要部分。

但是目前文化遗产的功能性发展也有一些缺点和问题，具体为：

1. 文化遗产的保护及社会服务功能无法与周边在地化的现代环境真正展开协调式发展；

2. 目前国内文化遗产的社会服务功能形式较为陈旧，展陈方式一成不变，无法展开真正的教育功能；

3. 文化遗产的科研功能无法有效转化为公众普及教育所需。

本研究结合研究对象北宋皇陵的文化资源数字化建构是为了解决上述功能性发展而做出的研究。数字漫游、AR 技术应用，数字化博物馆，文物多维模拟等技术的应用，可以使文化遗产的保护与周边环境协调发展，展陈方式多样化，相关最新科研成果有效转化为公众教育资源，因此本研究的应用前景十分广泛。

二、文化遗产社会服务功能的内涵、特征及分类构成

（一）内涵分析

借鉴国内外有关学术研究成果，根据文化遗产功能演进的逻辑进程，所谓文化遗产的社会服务功能，主要指利用文化遗产的历史价值、文化价值、精神价值、科学价值、社会价值、经济价值、审美价值和教育价值等，以各种展馆和文物保护单位管理机构作为载体，为社会公众提供全面、实用、高效、经济、便捷的服务的一种综合性功能。对此定义，可以从以下几个方面进一步深化理解：

第一，社会服务功能主要体现为利用文化遗产基本价值（历史价值、文化价值、精神价值）进行展览展示、传播、教育等功能。文化遗产的社会服务功能主要表现为基础的展览展示、传播、教育等功能，即利用自身的历史价值、文化价值、精神价值等，为民众提供服务的活动与能力。

第二，社会服务职能承担的主体为纪念馆、博物馆、文化场所、展示厅和对文物保存单位的管理部门等。文化遗产的各种社会服务职能主要是通过具体的各种"馆"的载体和形式来表现出来的，如纪念馆、博物馆、文化馆、展示馆和其他对于文物遗产的保护管理机构等，这无疑是文化遗产内质文化与社会交融的基本媒介。

第三，社会服务功能与文化遗产类型高度相关。文化遗产的具体类型与其提供的社会服务功能密切相关，世界上许多以保护历史文物、建筑群和遗迹而闻名的文化遗产，例如中国的故宫和埃及金字塔，虽都被认为是世界著名的优秀历史文化遗产，对发展民族文化和发展旅游经济、促进文化产业发展

具有重要作用，但其社会服务功能却始终与文化遗产的类型高度相关。

第四，不同文化遗产的社会服务功能具有不同特色。社会服务的功能涉及多种功能的综合，特别是规模庞大的历史文化遗产，一般都具有较为综合的服务类型和服务能力，既包括基础性的服务职能，如展览陈列功能、传播服务功能、教育服务功能、研讨服务功能等；也包括旅游服务职能，信息服务职能、沟通服务职能和娱乐服务职能等。但由于核心或主导功能的差异，不同文化遗产的社会服务功能必然具有不同的特色及功能侧重点。

第五，社会服务功能也包括为文化产业提供创意产品。一般而言，文化遗产的社会服务功能主要以展览展示为核心，由于现代信息技术的迅猛发展及广泛应用，社会服务功能在组分构成上也凸显出较为综合、复杂和多元的特点，如以文化遗产为主要表现内容的文化创意产品的繁荣发展，因此提供文创产品也成为文化遗产社会服务功能应有的内容。

（二）主要特征

通过进一步总结和研究表明，文化遗产的社会服务功能具有如下几个重要特征。

1. 对外服务性特征

社会服务功能主要体现在文化遗产的基本服务活动上，即主要为社会公众提供各种展览展示、传播教育、信息交流等服务，具体可分为基础性服务功能和文化性服务功能两个部分，而对外服务性是文化遗产社会服务功能的一个突出特征，体现为文化遗产在社会大环境中发挥其应有的文化影响力，而不是局限在内部文化遗产保护等活动和行为，更强调对外应有的服务理念。

2. 资源集聚性特征

社会服务功能大多通过关联文化遗产各价值内容的基础上聚集来体现的，

只有相互关联的不同价值的协作和安排，才能形成多样化的社会服务功能。例如如何运用传统文化遗产其中的历史性价值、文化价值、精神价值、科学性和社会审美性的价值、教育实践意义等，拓展社会服务功能的表现形式，不仅重构了文化遗产的文化内涵，而且增强了文化遗产的竞争力。在实践中，专业性服务功能可以通过设计规划某些特定的文化遗产价值集中体现。

3. 逐层递进性特征

社会服务功能具有历时性演变的特征，文化遗产因其所处的阶段不同，其社会服务功能的侧重点也有所不同。一般而言，文化遗产的社会服务功能从最初的保护遗产层面，逐渐发展到展览展示层面，进而延展到活态利用层面，乃至文化服务层面，在此过程中，社会服务功能表现出逐层递进、不断深化的特点，文化遗产社会服务功能的演进依附于时代的发展、科技的进步以及人们对文化遗产认知的更新。

4. 综合带动性特征

文化遗产的社会服务功能与服务业的概念具有本质的差异，前者是基于文化遗产的文化价值和特色、设施和载体、制度和政策等要素的不断优化，组合形成先进的生产力，包括文化遗产的发展理念、发展模式、优质服务和信息平台等内容，从而对文化事业的发展产生强大影响力和带动作用，并与地区形成良好的文化生态关系，不断增强文化遗产社会服务功能的辐射力，最终实现更好的社会效益和经济效益。

5. 特色差异性特征

不同的文化遗产其社会服务功能具有不同特色。一方面与国家保护各类历史文化遗产的各种类型密切关联有关，如可移动的历史文物、建筑群及文化遗址，可移动的历史文物其保护社会文化服务管理功能相对单一简易，而不可移动的历史文物群及建筑群其保护社会文化服务管理功能相对比较综合复杂；另一方面，即使同一种特殊类型的历史文化遗产在社会服务功能方面也会呈现差异化特色，如世界五大主要宫殿，即当时美国的纽约白宫、中国的北京故宫、俄罗斯的莫斯科克里姆林宫、法国的巴黎凡尔赛宫和当时英国的伦敦白金汉宫，虽为同一类型的文化遗产，其社会服务功能因其文化特色的不同凸显出不同的功能特点。

（三）分类与构成

文化遗产社会服务功能的具体分类及其构成较为复杂，按不同性质和特点划分具有不同的分类及构成。从服务功能的主要作用来看，它既包括提供生产性服务，也包括提供生活性服务；从服务功能的性质来看，它既包括基础性服务，又包括文化性服务；从服务功能的繁简程度来看，它既包括单一品种服务，还包括综合复杂品种服务；从服务功能的支撑产业来看，既包括提供以服务业为主要内容的服务，也包括提供以文化产业为依托的创意产品生产的服务。根据主要功能性质的具体类别划分，文化遗产社会服务功能的组分构成包括保护传承服务、展览展示服务、传播教育服务、科学研究服务、信息交流服务、旅游休闲服务、文创产品服务等具体服务品种或类型。

在这里，需要特别强调的是关于文化遗产社会服务功能中基础性服务和文化性服务的关系与分类。文化遗产社会服务功能构成中的各种单项功能并不是绝对的平等和等量的，而是存在着主次差异的。基础性功能是指所有文化遗产都具有的共同性功能，是一种必然具备的功能，表明文化遗产的共性，如保护传承功能，它区分的是文化遗产与其他文化的基本差别；文化性功能是指在文化遗产诸多功能中处于突出地位的功能，影响文化遗产其他功能的运行，决定着文化遗产的性质导向，其定位和发展方向表明的是文化遗产的特点，区分的是与其他文化遗产的差异。文化遗产的文化性功能一般有两大特征：一是对文化遗产发展的决定作用。即对文化遗产的重构和发展具有支配作用，文化遗产因其盛而盛，因其衰而衰。文化遗产的价值是其发展的灵魂，决定着文化遗产发展的方向、功能的选择以及功能的布局，而文化遗产的价值和性质主要取决于文化遗产的文化性功能。二是对文化事业的带动性。文化遗产的文化性功能是以满足民众对文化需要而发挥其主导作用的，它是文化遗产重构及文化事业发展的基础，不同文化遗产的文化性功能，确立了不同的文化事业发展定位。

每一项文化遗产都有自己的文化性功能，在不同的发展阶段，由于各种社会、历史、经济、科技条件的不同，文化遗产的文化性功能也应有所变化，其功能辐射强度、作用范围也各有差异。因此，文化遗产的文化性功能是一直在不断发展演变的，即功能的变迁是指已有的功能被新的功能替代，使整个文化遗产的结构发生巨大变化，从而也使文化遗产的性质发生显著变化。正是基于不断的变迁，文化遗产的功能得到创新，文化遗产得到发展。文化性功能的重构和创新是文化遗产功能发展过程中的一个重要规律，只有变迁才能塑造新的生命力，文化遗产文化性功能的变迁表现为文化产业的变迁和发展。

总之，一项文化遗产的文化性功能是其主要支柱，只有在文化遗产基础性功能的基础上形成具有鲜明特色的文化性功能，才能更好地发挥其在社会服务体系中的作用和功能。通过不断强化文化遗产的文化性功能，形成文化遗产的优势文化产业、创新产品及核心文化竞争力，并利用文化性功能的相互渗透拓展交流领域，从而更好地发挥社会服务功能的作用。

三、决定和影响文化遗产社会服务功能的主要因素

（一）区位条件

通过考察这些世界遗产的地理空间结构及其分布我们可以清楚地分析发现，世界遗产主要是分布在位于北半球的经济、文化都较为繁华的一些西欧国家，其次则主要是亚太大陆地区以及包括有中国与日本等在内的东亚国家，

这与该种不同类型的地区文化有着复杂多样的不同地形地貌、不同气候变化类型、悠久的土地开发利用和发展历史、独特的地域性历史文化、较高的经济和文明发展程度水平及其相对而言社会秩序的和平稳定性至关重要。区位的基础条件特征即一个区位本身所处的需要基本具有的条件、特征、属性、资质，其所需要构成的基础因素主要可以涉及政治社会、经济、科学信息技术、管理、政治、文化、教育、旅游等各个方面，一个地区的基础条件区位优势主要来说包括自然资源、劳动力、产业集群聚集、地理中心位置、交通等诸多因素决定，同时，它的基础区位条件优势又是一个发展的基本概念，它往往也是会随着区位相应基础条件的持续改善、不断更新进行优化更新。总体上看，优越的地理区位条件是文化遗产社会服务功能形成与发展的必要条件之一。

（二）基础设施

文化遗产社会服务功能的有效发挥离不开完善的基础设施作为载体支撑，包括便利的交通基础设施、现代化的服务性基础设施以及先进的信息技术基础设施等。通过高速公路、铁路、航空港等交通设施，才有可能成为一个联结较大区域的文化中心。而现代化的服务性基础设施，包括停车场、导引、休息点、餐饮店、纪念商品部、特殊人群服务设施等，构成了文化遗产物质环境的必要因素，对文化遗产社会服务基础性功能的发挥产生着重要的影响。尤其是在数字化信息技术时代，先进的信息技术基础设施是文化遗产发挥信息服务优势、构建知识服务平台的重要保障，直接决定了文化服务、科技服务功能的发挥。

（三）资源类型

文化遗产的资源类型及其价值主要通过三个方面决定和影响着其社会服务

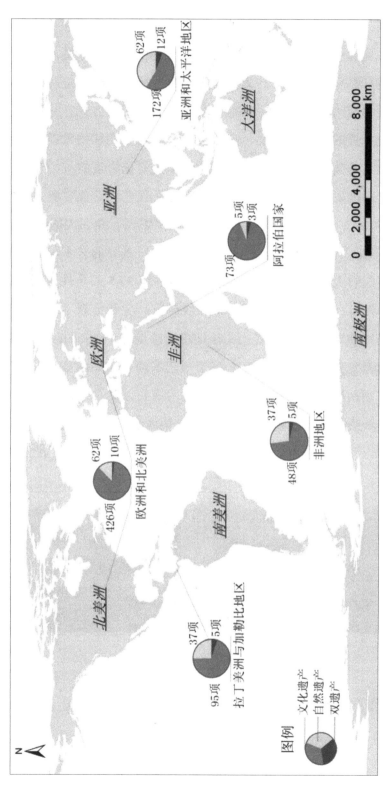

图 2-4 全球世界遗产的空间分布（http://whc.unesco.org/）

功能。首先，文化遗产的资源类型决定了文化遗产社会服务功能的性质，人们在确定文化遗产功能性质与定位时，通常是在文化遗产资源的文化性功能的基础上进行甄别的。其次，文化资源的类型特点和影响范围决定了文化遗产社会服务功能的辐射强度，决定着文化要素的配置方式，从而也决定着文化遗产功能发挥的水平和效度。高水平的服务功能往往由效益高、创新能力强、带动力大的文化资源所构成。最后，文化资源聚集的规模决定了文化遗产社会服务功能发挥的强弱。从实践上看，文化遗产功能主要是通过文化资源的聚集实现的，如纽约大都会艺术博物馆（Metropolitan Museum of Art）的"开放资源获取"（The Open Access）项目，这一重要的艺术项目已经公开提供给了美国纽约大都市议会国立艺术科学博物馆 37.5 万余件馆藏文物艺术作品高清版本图片，用以提供免费公众在线浏览、免费公众下载。公众在纽约大都会艺术博物馆的官方网站上线时只需直接点击"Collection"条目，即可直接通过选择免费下载获取所有本馆馆藏艺术画廊作品的高清晰度照片。这一网络技术创新项目一经出世，大都会艺术博物馆的全球网络首页点击量和网络使用者对整个网站的平均停留时间都大幅激增。总而言之，文化遗产的社会服务功能与文化资源塑造的文化产业相辅相成，有什么样的社会服务功能，

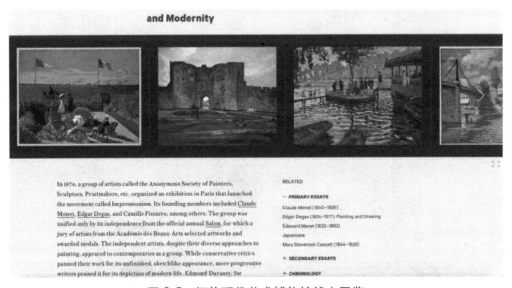

图 2-5　纽约现代艺术博物馆线上展览

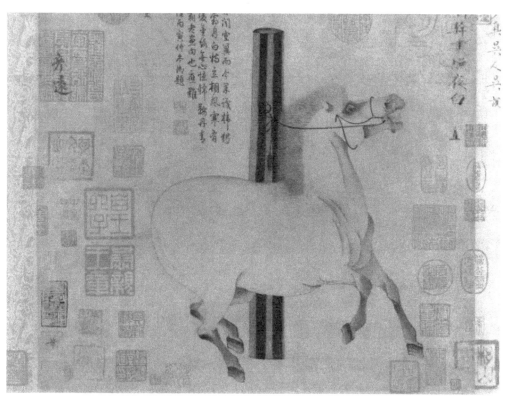

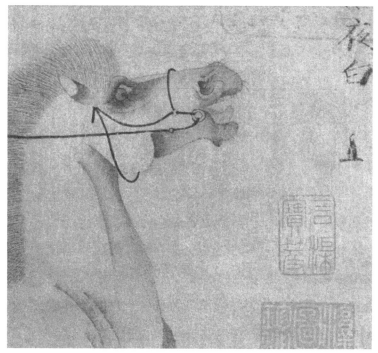

图 2-6 大都会提供的馆藏作品高清图片：（唐）韩幹《照夜白图》

图 2-7　大都会艺术博物馆官网图片免费下载页面

就必然有支撑这些功能的文化产业与之对应；有什么样的文化产业，通常就具有相应的服务功能，并且文化性功能往往是由文化遗产的优势资源创造出来的，而文化遗产的资源作为文化遗产社会服务功能赖以发挥的物质基础，其优化和重构对于推进文化遗产社会服务功能的发展具有十分重要的意义。

（四）发展模式

文化遗产社会服务功能的优劣及特色主要是各自选择和布局的结果，但这并不排斥在某些条件下，国家或地方特定的政策支持对文化遗产某项功能成长起着关键性作用。例如，河南省率先启动优秀中华传统民族文化的保护传承与保护管理体系项目建设，打造和全力打响"美丽非遗"这一品牌，并基本成功实现了河南省、市、县三级非遗传承保护项目管理机构的全方位覆盖，同时也初步构建了保护河南省非物质优秀文化遗产的综合数字化传承保护管理平台，推动其非遗传承保护管理事业健康发展使其排在了位居全国的前列，创造了非物质文化遗产普查的"中原模式"和连续四批国家级非遗项目名录中该项目的总数数量位列全国前列的"中原现象"，另外大胆创新地对当代全国非遗的传承保护与发展传承中进一步探索开拓"河南经验"，这一系列重大举措无疑也极大夯实了河南非物质优秀文化遗产保护研究发展的基础，为日后通过数字化技术增加互动性和体验感展现河南非遗精髓、丰富非遗传播形式、增强非遗社会服务功能，迈出了扎实的第一步。

（五）历史文化

文化遗产的历史文化积淀虽然不能从根本上决定其优势功能的选择和服务功能的强弱，但却可以深刻影响文化遗产社会服务功能的特色。例如，大运河江苏沿线颇具特色的文化遗产不仅形式丰富多彩，而且各具特色，扬州秀美的瘦西湖和古城、苏州精致典雅的园林苏州古城、无锡市的吴歌与道教音乐、宜兴紫砂陶和均陶制作技艺以及泰伯庙会等江南文化遗产，其各自历史文化因素不同，导致对文化遗产社会服务功能特色的影响注定是巨大而深远的。

四、文化遗产社会服务功能的形成机制与实现路径

文化遗产社会服务功能的形成机制大致为：文化遗产利用自身的文化资源优势，运用资金、技术、人才、信息等要素重构其文化性功能，在文化性功能优化和资源聚集效应的作用下，利用新技术、新制度和新方法，持续推动各种要素组合、整合与创新，以形成更高水平的文化产业和发展要素。然后，通过文化产业延伸等机制，不断扩大文化遗产的影响力和竞争力，带动其文化产业的发展，从而实现文化遗产社会服务功能的不断升级。此后，能量不断累积的文化遗产又将开始新一轮循环，并通过"新聚集——新创新——新拓展"的循环往复过程，推动文化遗产的文化产业结构不断升级，进而实现对外辐射强度越来越大。

基于这一形成机制，文化遗产通常是通过以下路径来实现社会服务功能的

不断提升的：

（一）依赖聚集化发展

目前，我国的文化产业已经呈现出了集聚式发展、数字化发展、融合式发展、特色式发展和资源共享式发展特征。其中，集聚发展模式是最根本、最普遍的一种。集聚能够提高企业的劳动生产率，加速资料和信息的流动，带来溢出的效应。文化遗产社会服务功能主要通过文化资源的文化性功能集聚而实现，而信息服务、知识服务、文化创意等服务功能的集聚效应尤为突出。基于频繁协作而形成的创新效应、品牌效应等综合叠加，将有效提高社会服务效率，实现更广阔意义上的发展。

（二）依赖规划和布局

文化遗产社会服务功能依赖集聚而实现，集聚并非盲目地堆集，而是需要合理的规划和布局。例如说由故宫自主开发的一款大型移动端 App "每日故宫" 以日历的方式正式对外推出，"每天一件故宫藏品"，给全国广大观众朋友提供了随时随地的观看故宫各类藏品的便捷服务，精美的故宫大量电子版的艺术图片以及简易易懂的故宫藏品相关信息案例介绍等也在给广大观众美好的视觉享受同时，并有效地实现了故宫藏品以及相关文化知识的广泛普及和藏品宣传教育的多种功能，可以说是让越来越多的人民大众充分认识和直接了解到故宫各类藏品背后的文化历史和物质文化，使人们对于这些静态的藏品收藏和非物质文化产生了鲜活的"动态感受"。此外，故宫在全力打造和将中国现代传统商业文化从简单的传统商品制造到充满创意的商品转变创新过程中，搭建了自己的传统文创电子商务产业版图和故宫始终保持坚守的传统 IP 核心价值与全新走向开放交互的文化产业链，还独家研发推出了玄幻手游 "虚拟紫禁城" "皇帝的一天"，并与中国腾讯共同进行联合研发制作了

图 2-8　故宫小游戏之"皇帝的一天"

"天天爱消除"这款手游的北京故宫特别版。从旅行文化服务、文创文化产品，再发展到手机移动游戏，故宫依赖合理的规划和布局打造出文化遗产年轻化的文化意象，为更多的人群提供了更加贴近生活的社会服务，也为我国公共文化事业的完善与发展提供了新的路径。

（三）依赖服务方式和内容创新

文化遗产社会服务功能的强弱还依赖服务方式和内容的创新。尤其是在以信息化服务国家经济社会发展逐渐成为业界共识的今天，信息化技术与文化遗产社会服务功能的融合趋势日渐鲜明，彻底革新了文化遗产的传统服务方式，创新了服务内容。例如，西安的城市记忆 App 将西安的历史地图和现代化的地图重新叠加了进去。当手机 App 使用者在西安街头步行，打开自己的手机 App，会惊讶地看到它所在的位置和地点可能是某个朝代人家谁的住宅，或者说下一个大型的公交站在某年某月曾经挖掘出了什么样的文物、现在被收藏于何种类型的博物院、编号是多少、藏在哪个展厅等一系列信息。这种服务的方式和内容的创新，对于把博物馆的历史和现实紧密地交织在一起，并能够让更多的公众积极地参与其中，让博物馆的收藏品完全脱离了博物馆的束缚，回到了人们日常生活中具有重要作用，极大地增强了文化遗产的社会服务功能。

（四）依赖服务构成要素的结构优化

文化遗产社会服务功能的强弱，取决于服务构成要素的质量、结构及其组合方式。例如，数字圆明园项目通过"5R"——虚拟现实（VR）、增强现实（AR）、混合现实（MR）、交互现实游戏（ARG）、感应现实（ER）等新一代技术，将数字圆明园全貌呈现在人们面前，全方位地有效调动观众感官，提供一种沉浸式的感官体验。其中，虚拟现实游园观景系统主要是通过一种虚拟化现实的技术，完全允许一个使用者在任意一个游园地点都可以轻松进行自由的游园观景，可以通过模拟一个成人随着真人的身体移动、旋转、行走。在此技术的基础上所开发出来的专业版本可以让研究者和工程师能够在大量的数字化场景下获得详细的空间资料与真实的体验，还能够让他们可以将自己的研究成果在系统中进行标注、记录、分析、发布、共享，从而使研究成果能够实时地交流和互动。除了基于对遗址的导览和应用，数字圆明园团队与国内专业的影视剧制片团队联手，拍摄《远逝的辉煌》圆明园的数字纪录片。影片把真实的视频拍摄和虚拟的数字内容相互叠加，呈现出一种极具艺术性的视觉效果；依托研发团队的专门复原和研发成果，推出了一系列针对不同层次的读者人群的图书，既有各种专业的学术类书籍、论文集，也包括有向全国人民和大众宣传科普和推广的各种普及式图书。经过数字圆明园的授权奥地利艺术家 Barbara Salaun 通过奥地利传统的铜版油墨彩色绘画工艺，对数

图 2-9　数字圆明园光影感映展

字圆明园的成果和艺术进行了二次改造和创作，绘制了《一抹"紫""金"之气》这一系列油墨彩色作品，在全国乃至世界各地巡展，并被广泛应用在奥地利某个知名红酒品牌的油墨彩色标签，及奥地利邮票上。这一系列的服务构成要素的结构优化，极大地提高了圆明园的社会服务能力，引领了文化遗产功能升级的新潮流。

（五）依赖文化资源的共享

单一的文化遗产资源难以积极引导社会服务功能的提升，只有通过文化资源的共享，相互配合、相互依存、相互支持，才能形成更稳定、更宽广的文化生态圈。例如，陕西数字博物馆的正式推出与成功上线给省内促进文化产业信息技术资源的整合共享和信息整合服务提供了另一条重要的发展路径，即希望通过这种数字化服务方式对促进陕西省内文化产业信息技术资源的共享整合。陕西众多历史博物馆几乎都充分浓缩了中国陕西以至其他中国古代时期历史建筑文化的文物艺术研究精华，运用陕西博物馆艺术来重新发展中国陕西历史文化已经是难以回避的一个选项。分布于省内众多的国家级历史博物馆都认为是由于陕西作为极大丰富文化收藏资源重要组成的一部分，陕西博物馆的文化收藏资源整合的主要发展内容在很大程度上认为应当包含对于博物馆的资源整合。按照陕西数字博物馆馆藏综合重点保护建设工程的总体发展规划策略，以覆盖全省各个主要城市的数字博物馆、文物保护收藏核心单元和历史遗址的数字文物收藏为主要保护建设任务目标，以一个集中式综合重点体系建设形成涵盖所有综合馆藏数字文物的一个全省性、超大型、分布式、规范化、可扩展持续性和共享的综合馆藏数字文物保护数据库、不可自由移动的馆藏文物保护数据库和田野生态环境监测数据系统等等成为一体的一个综合重点保护文物数据中心，建设好整个陕西数字博物馆。通过这种综合方式可以构筑一个全面而且涵盖整个陕西的现代数字文化陕西博物馆，是对陕西所有博物馆的有效综合展览，更是对陕西全省博物馆历史文化遗产信息技术资源的有效共享，也是陕西全省历史文化遗产信息技术资源的有效利用综合。通过这种基于数字化的互联网络综合信息处理技术，陕西博物馆及其历史文化资源将在未来能够继续得到完善的综合利用和深度挖掘，对促进其社会服务功能的向外拓展具有重大意义。

五、文旅融合语境下的文化遗产数字化

随着物联网、云计算、3D 打印、移动互联、机器人、大数据、人工智能等新技术的发展与应用，数字化时代带来了多元的产业模式和服务形式，使人们的生产和生活更有效率、更加智能、更数字化。借助互联网打造数字化服务的文化生态圈，从而重新定义文化产业的发展，并形成强大的核心竞争力，已经成为未来文化产业发展的新方向。在文化产业数字化转型的背景下，北宋皇陵作为传承中的文化遗产，其数字化重构激活社会服务功能显得十分必要。

（一）传统服务方式的现状和问题

纪念馆、博物馆、文化馆、展览馆和文物保护单位管理机构等，作为文化遗产的服务窗口，具有鲜明的优势和服务特色，如可以提供观赏真实文物的各种展览等，但与数字化展示相比，传统服务方式明显存在诸多不足和问题。

1. 展陈形式静态

大部分文化遗产，尤其是物质文化遗产，基本都是以静态的展览展示形式呈现在公众面前，主要运用图片、文字、印刷品、展板、展柜、展架、雕塑、沙盘等表达展览内容。以北宋皇陵为例，公众所能接触到的只有帝陵地面建筑与石刻等，绝大多数文化遗迹信息都是通过二维的平面展板的形式展陈，其背后蕴藏的历史文化场景及内涵非常有限。传统的展览展示效果在数字化时代背景下显得尤为呆板和缺乏感染力，如果运用数字化技术对北宋皇陵进行展览展示的数字化重构，就可以实现多维度、多层面、多视角的展示传播效果，如以环幕（弧幕）纪录片或虚拟动画的形式还原北宋皇陵的相关历史文化内容。

通常情况下，来访观众对即将参观的文化遗迹内容缺乏前期知识了解，对于北宋皇陵形成的历史原因、位置及分布、建筑特点、石刻内容、艺术成就等都知之甚少，因此在公众并不了解相关文化遗产的历史价值和文化价值的前提下，运用数字化动态的展示方式为观众提供直观的历史文化概述，深入浅出、简明扼要地还原时代情境，则可以有效弥补传统展览方式展示力和展示内容方面的不足，提升展览展示服务的质量，在观众与文化遗迹之间的文化鸿沟上搭建一座良性互动的桥梁。

图 2-10　观众驻足巨型弧幕前观看纪录片

图 2-11　纪录片动态的展示内容

图 2-12　虚拟动画再现时代场景

2. 传播维度单一

在传统展览展示中，为了更好地保护文化遗产，展品通常被陈列在展柜或防护栏后面，使公众难以触摸感受，并同文物产生互动。这些"请勿触摸"警示性标志、隔离线以及防护栏，无疑扩大了文化遗产与社会公众之间的距离，从而使观众无法真切、全面、细腻地感受文物的魅力，妨碍了观众与文物的交流，减弱了文化遗产的感染力，削减了观众参观的乐趣。

如果运用触觉技术，使观众不仅能够看到，同时还可以全方位、多角度地"触摸"，近距离感受文物的风采和魅力，这样就大大提升了展览的真切感和趣味性，进一步提升了观众的参观体验。

图 2-13　被防护栏围起来的展示品

图 2-14　触觉技术为观众提供更丰富的体验

图 2-15 观众与文物全方位、多角度地互动

3. 观赏时空局限

随着人们生活水平和生活质量的提升，到各地参观文化遗产已经成为越来越多人的选择，但同时，大批游客的拥入使许多文化遗产相关单位遭遇到不少问题，如作为全球瞩目的北京故宫博物院，因长期客流量相对饱和的局势，为了保护院内的文物，提升参观的安全和质量，于 2015 年开启了限流方案，每日限流 8 万人次；而敦煌莫高窟由于其在石窟内的空间狭窄，每日游客众多，长时间的停留导致岩石洞窟内部就会使其产生很多的二氧化碳，湿度及其温度的变化也会加速石窟"衰退"，颜料中的颗粒被迅速溶解导致壁画中的图像脱落，不允许游客进入拍照，并关闭了其中部分石窟。针对这些问题，数字化技术无疑提供了更好的解决方法，通过数字化展示、虚拟现实技术、手机 App 等多种方式，一方面可以满足观众的观赏拍照要求，另一方面有利于疏导客流，加强对珍贵文物的保护，如故宫展览手机 App 的应用等。

4. 活化利用不足

文化遗产是历史文化瑰宝，与人们的生活息息相关，不仅具有巨大的文化价值，也有很强的商业化变现潜力。通过有效地挖掘、保护和开发利用，就

图 2-16 故宫专题展览手机 APP 界面（一）

图 2-17　故宫专题展览手机 App 界面（二）

图 2-18　故宫专题展览手机 App 展馆现场

图 2-19　故宫专题展览手机 App 展馆场景

图 2-20　故宫专题展览手机 App 展览现场（一）

图 2-21 故宫专题展览手机 App 展览现场（二）

图 2-22　故宫专题展览手机 App 展陈布局

图 2-23　故宫专题展览手机 App 文物摄影照片

更加有可能为我们带来一种可观的社会效益和经济效益，释放出更强烈的生活力。为了完善和提升文物馆的社会服务职能，文化遗产不仅必须要在展览中融入丰富的数字化陈列技术和手段，还要在展览中开辟一些与商业相结合的新兴产品，增加展馆的亲和力，更是对人民日常生活状态的反映，满足人民群众对非遗产品的追求和需要，落实"从群众中来到群众中去"的文物保护原则。同时，非遗传承人也可以获得一定的收益，真正把非遗的生产性保护理念落到实处。现在国内的一些非遗展馆为了适应展示的需要，单独开设餐厅，把传统手工技艺类非遗项目中适合餐饮类项目引入展馆，将展示功能与餐饮功能相结合，吸引力更强，并将中国悠久的饮食文化广泛流传，将中国的餐饮提升到大文化的层面上进行诠释。当然，这种商业性的展示只是小范围的传播，受众群体有限，大多是来观展的人员。但是技艺互联网平台时空的延展性，可以发散思维，从而进行线上商业活动，进入各个互联网、手机 App 中进行展示和售卖，让更多的消费群体加入非遗的商品活动中，使人们可以在不同时段和不同空间区域内进行社会互动，实现文化传承和利益双赢的局面。

（二）数字化时代的特点

1. 互联网普及率及全国网民规模增加

随着我国现代移动信息网络技术的进一步快速发展以及移动互联网的广泛应用，我国移动互联络上网民众和群体的消费数量逐年快速增加和不断上涨，互联网信息产品开发行业也已经得到了长期持续、稳健的快速发展，已经逐渐成为不断促进推动我国整个国民经济社会发展进步的重要经济推动力。截至 2018 年 6 月，中国的移动网民注册用户数量规模累计达到 8.02 亿多人，2018 上半年新增的中国网民注册用户数量全年累计为 2968 万多人，与 2017 年 6 月相比同期累计增长 3.8%，互联网的网民普及率全年累计最高达到 57.7%。其中，手机网民的总体规模已经累计达到 7.88 亿移动用户，占我国手机移动

图 2-24　全国网民规模及互联网普及率

图 2-25　2014—2018 年我国手机网民规模情况

网民总体用户数量的权重比例高达 98.3%，并且相信伴随着我国智能手机的不断推广和网络应用的不断普及，未来我国手机网民的总体规模和用户比例也将进一步快速攀升。

2. 大数据时代来临

近些年来随着充分利用电子信息网络通信等新兴技术，特别重要的一点是利用移动产业互联网和移动物联网的不断迅猛发展，数据正在不断呈现出巨大的爆发式快速增长，海量的数据已经逐渐发展成为一个国家和社会的一种基础性重要战略数据资源，为经济发展带来了巨大的新动能。全球知名咨询公司麦肯锡称："数据，已经渗透到当今每一个行业和业务职能领域，成为重要的生产因素。人们对于海量数据的挖掘和运用，预示着新一拨生产率增长和消费者盈余浪潮的到来。""大数据"虽然在当今的社会科学、生物学、环境与生态学等多个重要研究重点领域以及其在军事、金融、通信等多个方面都已经存在了很多时日，却因为近年来随着移动智能互联网和移动计算机网络信息技术服务行业的快速健康发展以及随着云计算数据信息储存这个新数据时代的正式到来而逐渐开始受到各界关注。大数据的应用本质上就是基于手机移动端和互联网的各种现代信息化基础技术与综合应用，通过各种基于信息电子技术的各种革命性技术创新与应用发展，以及对人类数据的各种全方位信息感知、收集、分析、共享，为人们提供了一种全新的看待世界的方

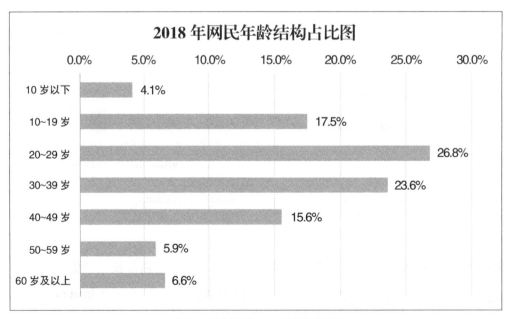

图 2-26　2018 年网民结构占比图

法。根据移动监控应用数据库的统计，2017 年之间全球的移动监控应用数据人口总量平均增长为 21.6ZB（1 个亿的 ZB 就相等于十万亿亿次的字节），目前的全世界移动监控应用数据的年平均增长率平均为 40%，预计到 2020 年全球的移动监控应用数据人口总量将来还会逐步扩展至 40ZB。国内外一些行业权威机构最新的市场统计数据，至 2022 年全球移动互联网行业大数据技术应用开发市场预计规模将首次突破达到 800 亿美元，年均增速可以实现 15.37% 的规模快速增长。①

3. 人们生活方式的改变

我国相关网络统计资料分析表明，我国的网民主要是中青年这一类型的网络群体，并且在向中高龄人这一类型的网络人群中不断地发展渗透。截至 2018 年 12 月，10 岁~39 岁的青年网民人群数量已经占到了全国互联网整体网络人群总数的 67.9%，其中 20 岁~29 岁这一年龄段的年轻网民人群数量整体占比最高，达 26.8%；40 岁~49 岁的中年人在互联网络活跃用户这个群体的数量占比由 2017 年底的 13.2% 进一步快速扩展并达到 15.6%，50 岁及以上网民的数量占比也从 2017 年底的 10.5% 进一步提升并达到 12.5%。②

4. 数字化成为常态

数字经济主要是以掌握数字化知识和信息作为经济中关键的生产要素，以推进数字科学技术革命和创新成果作为经济发展的核心驱动力，以建立现代信息互联网络作为重要载体，通过对数字科学技术和实体经济的深度整合，不断地提高传统产业的数字化、智能化程度，加速和改变国家经济结构，建立起来自于政府管理和社会治理模式的一种新型经济形态，数字经济主要是继传统农业经济、工业经济后的一个较高层次的经济时期。《2017 中国数字经

---

① www.elecfans.com/iot/630774.html。
② 工业和信息化部，华经产业研究院整理，2018 年中国网民规模、网民属性结构及互联网普及率统计，https://baijiahao.baidu.com/s?id=1634026710442092318&wfr=spider&for=pc。

济发展报告》明确指出，在当前经济全球化的数字时代经济以及信息化正在深度深入推广和已进入全面信息渗透、跨境技术融合、加速自主创新、引领我国经济社会发展的新常态时代等巨大历史背景下，数字时代经济的持续长足发展，正在逐步发展成为一种推动创新发展数字时代经济的重要增长方式驱动力和强劲增长驱动力。以 2016 年前的世界发达国家（美、日、德、英）经济为主举例，数字主义经济所占 GDP 的整体比重一直保持在 50% 左右，美国在全球数字主义经济市场规模当时是排名第一，已经基本突破了超 10 万亿美元，占本国 GDP 的整体比重已经超 58%。联合国贸发会议秘书长基图伊指出："数字经济以超出我们预测的速度呈指数比例地在扩张，仅在 2012 到 2015 年之间，数字经济的规模从 1.6 万亿美元增长到 2.5 万亿美元。"2016 年 9 月，G20 杭州峰会通过《二十国集团数字经济发展与合作倡议》，将"数字经济"列为蓝图增长创新中十分重要的一项议题。如今，各国都已经普遍认为，数字实体经济发展是整个世界经济共同发展的未来，大力发展和建设壮大数字经济已逐渐成为当今全球的普遍共识。

十八大以来，我国一直高度重视对于数字时代经济的快速发展，并且不断努力使其逐渐在认识上升化并成为一个国家的发展战略。2016 年 10 月，在中共中央政治局第三十六次全体党代表的一次集体专题学习上，习近平总书记明确提出，要进一步坚持做大做强搞好我国数字经济，拓展推动我国数字经济体系建设与社会发展的新改革空间。2018 年 4 月，习近平总书记在"全国网络安全和信息化工作会议"上再次明确指出："要发展数字经济，加快推动数字产业化，依靠信息技术创新驱动，不断催生新产业新业态新模式，用新动能推动新发展。"

在我国社会主义市场国家大力投资支持积极推动与鼓励民营企业的积极努力下，中国的数字产业经济也因此得到了迅猛的发展，2017 年以来中国的数字产业经济名义以其数字 GDP 同比年均增长率已经首次超过 20.3%，占 GDP 的 32.9%，总额已经首次达到 27.2 万亿元人民币，数字产业经济已逐渐发展成为推动我国促进国民经济社会持续健康快速发展的重要经济驱动力，直接

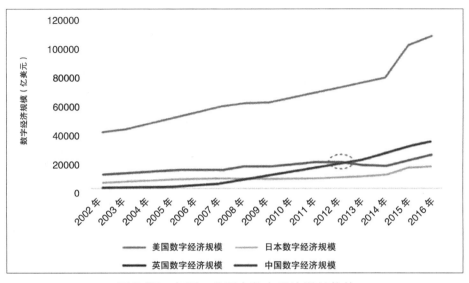

图 2-27　主要工业国家数字经济增长趋势

(http://m.elecfans.com/article/796599.html)

有力地促进了国民生产与其公共服务的生产效率与服务质量，优化了我国新兴产业发展结构，对于促进我国国民经济的健康快速发展仍然具有积极性的促进作用。虽然近年来我国在推进发展移动数字经济这个产业领域的各方面已经取得了较大的技术进步，但是其实相比一些发达国家，我国的数字经济发展规模在整个 GDP 之中的占比和绝对总量，仍然一直存在着较大的水平差异。20 世纪 80 年代末，敦煌研究院在国内首次公开提出了全力打造中国数字时代敦煌的重大战略发展构想。此后，数字北京故宫、数字北京圆明园陆续完工建成。2016 年初由国家文物局、国家发展和改革委员会等五个国家职能部门共同组织联合研究制定并组织印发了《"互联网 + 中华文明"三年行动计划》，公布了两批"数字技术 + 示范"重点工程，并与一个国际文化遗产学记录科学委员会共同组织合作成功举办了两期有关全国性物质文化遗产的记录保护与利用管理以及数字化专题教育培训系列课程，标志着当今时代中国"数字技术 + 文化遗产"正式逐步迈入 2.0 时代。

在这个数字化时代背景下，利用先进的数字技术实施北宋皇陵文化遗产的数字化建设过程，不仅仅是简单地保护北宋皇陵的历史遗址，更重要的是用

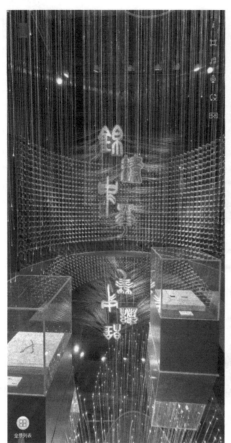

图 2-28：锦绣中华——古代丝织品文化展

新理念、新科学技术和新的形式，使之具有新的意义和价值，以全新的方法和模式来迎接未来的时代发展。如自主研发的数字展示平台、移动 App、手机游戏、创意产品线、数字艺术活动表演、智慧导览等，实现从传统文化价值挖掘研究，到 IP 打造，再发展为产品化经营的整个产业链建设塑造。

六、文旅融合发展语境下文化资源数字化保护与利用的可行性研究

经过二十多年的探索和实践，文化遗产数字化的主要概念、理论体系、核心技术、管理模式等已日渐清晰，国内外关于文化遗产数字化的案例越来越

多，并取得了一定的社会效益和经济效益。数字化技术的发展既可以应用于文化遗产的有效保护和利用中，又可以为公众提供良好的社会服务，满足人们对文化遗产不断增长的需求，因此，对北宋皇陵进行数字化重构势在必行。

（一）北宋皇陵社会服务功能数字化重构的概念基础

概念是理论的基础，任何成熟的理论概念都是由一系列具有明确内涵的定义形成的。在文化遗产数字化领域，一些关键概念达到学术界的共识，并在此基础上形成了一些已经得到广泛运用的理论，这些概念和理论成为文化遗产数字化重构的坚实的理论基石。

1. 文化遗产数字化

文化遗产包括物质文化遗产和非物质文化遗产。文化遗产数字化是"指利用当代测绘遥感和计算机虚拟现实技术，以数字化方式将文化遗产的全部动产和不动产真实、完整地存储到计算机网络，实现真三维数字存档，供保护、修复、复原以及考古研究和文化交流使用"[①]。保护包括文物、建筑物、遗址等物质文化遗产，也包括各类非物质文化遗产。

2. 数字博物馆

数字博物馆是"计算机科学、传播学与博物馆学相结合，以数字化技术形式对全部文物（其中涵盖可移动和不可移动两类文物）信息数据进行收藏、管理、展示和处理，同时运用互联网为用户提供数字化的展览展示、教育和研究的信息技术服务系统"[②]。"它完全地脱离了传统博物馆在空间上的束缚，无论何时何地所有人都可以运用数字博物馆来获得其需要的相关文化信息数

[①] 周明全，等.文化遗产数字化保护技术及其应用［M］.北京：高等教育出版社，2011：2—4.

[②] 杨向明.数字博物馆及其相关问题［J］.中原文物，2006（1）：95—98.

图 2-29　中国数字铜博物馆

据。除了拥有一维文字和二维图像这些传统形式博物馆的内容之外，数字博物馆增添了三维立体模型、虚拟动画等多媒体新兴科学手段技术，同时在视觉方面给予强烈的冲击感，以此来提高展示展览的效果；提供以内容、图像和动画为基础的检索技术手段；提供数字化的多方面保护手段，例如水印技术等则是用之对数字文物资料的版权归属进行保护。"[1] 如今数字博物馆应用最新的科技理念为观众提供更优质的社会服务。

3. 网上展馆

"展馆是指举办者根据一定的理念或思维，来展示自己的产品、技术、成果等的场所，它既是一种活动载体，又是展示商品、会议沟通、信息传递、

---

① 严胜学，胡宗山.略论文化产业领域的数字化展示策略[J].北京联合大学学报（人文社会科学版），2018（3）：47—54.

经济贸易等活动的场所，从客观上看它们还是某种特殊的经济组织、社会性组织，其特征就是能够运用专业知识与技能进行相关的管理、生产、运营，提供各种新兴产品和服务，创造更多的经济效益、社会效益。""网上展馆就是在手机移动端和互联网等工业现代化和信息化网络技术快速进步发展的大时代背景下，以手机移动端和互联网为技术基础对于具有线下实体展馆的各类博物馆艺术藏品和文化展示概念进行外延，网络线上展馆就是以各类文物电子图片的表现形式，通过互联网络向乃至全世界公众展示（个人）各类博物馆馆藏陈列品的一种新型网络公共展示空间。"[①] 网上展馆不只是简单地把现实展馆中的展品复制到网络的形式，而且是运用数字化技术，在网络上规划出一个虚拟展览空间展示相关展品，这一展览空间的虚拟空间面积可能远远超过实际展馆的展示面积。借助网上展馆不仅可以大大降低现实展馆耗费的成本，而且还可以展示因实体展馆空间不足等局限而未能展示的藏品，同时借助数字化技术营造出更具有互动性、真实性、观赏性的网上展馆，为公众提供一个符合人们需求的沉浸式空间氛围。

4. 信息可视化

从视觉的角度出发我们可以把信息分为两个类型，即视觉与非视觉两个类型，视觉的信息主要包含有动画、影像、图片等；非视觉的信息主要有语音和数据。可视化是一种指用计算机技术来对增强认知数据进行交互式的视觉显示。信息可视化，即通过计算机和相关软件，实现可视化数据，表达交互式视觉的信息。[②] 其关键步骤是用原石材料创造图像，信息可视化有时也被称为数据可视化。尤其是在视觉文化时代，碎片化、浅表化的视觉倾向已经深入渗透到人们获取外界信息的行为习惯中，通过视觉感官能更好地传递或接收信息，这便是信息可视化的现实需要和应用意义。信息可视化既可以以图

---

① 刘岑 .Unity3D 技术在网上展馆的设计与应用［D］. 北京工业大学，2013.
② 覃京燕 . 文化遗产保护中的信息可视化设计方法研究［D］. 北京：清华大学，2006：34.

像形式实现多维显示，降低人们对数据内涵理解的难度，还可以用图像指引信息搜索过程，提升信息获取效率。

（二）北宋皇陵社会服务功能数字化重构的技术基础

文化遗产的宣传数字化技术展示和对其保护的主要目的是通过充分利用目前现代化的电子信息网络技术手段，有效地展示保护各类历史文物与其他重要文化资产遗址，涉及科学计算机图形学中技术的多个方面维度。

1. 图像处理

计算机影像技术是历史文化遗产中数字化的一个重要方式和手段，其核心工作是图像处理。"图像处理（image processing），也叫作影像处理，是指通过计算机软件对图像进行分析和处理，以达到预期效果的数字化技术。图像处理通常指的是数字图像处理。""数字图像的每个元素本身就是像素，其中像素的值叫作灰度值，是通过使用工业数码相机、摄像机和激光扫描仪等电子设备计算得到的一组二维数组。"[①] 新的图像信息处理模块技术主要由三大部分模块构成；图像压缩；图像增强与图像恢复；图像匹配，描述与图像识别。目前，市场上正在逐步成熟兴起的数字图像信息处理系统技术应用系统主要类型包括康耐视处理系统、图智能处理系统。

2. 动画制作

一般而言，从技术研究角度来看，电脑动画分为两种：电脑创作动画和电脑制作动画。前者是指利用 3D 动画软件，如 3ds max、maya、Xara3D 等，创作和制作同时完成；后者是指用 PS 平面软件制作动画页面。前者创作过程复杂，完成周期长，成本高，而后者制作过程较简单，周期较短，成本较低。计

---

① 转引自张琳.高光谱图像技术诊断黄瓜病害方法的研究［D］.沈阳：沈阳工业大学，2011.

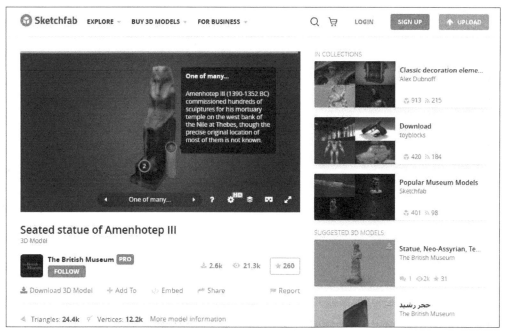

图 2-30　大英博物馆的 3D 建模网站

算机动画主要包括二维动画、三维动画、建筑动画、影视动画和游戏动画等。计算机动画是实现虚拟现实的关键，虚拟现实是实现文化遗产数字化展示工作的关键技术之一，因而计算机动画技术也是文化遗产数字化展示的关键技术。在计算机动画中，基于动力学粒子模型和流体等的三维动画技术能逼真地模拟所有自然现象和社会场景，能够模拟刚体运动和塑性物体变形运动等。近年来，在市场竞争不断加剧的大环境下，计算机动画三维设计软件迅速开发，理论上讲，3D 动画能精确展示所有自然现象、人类活动和再现各类历史事件。即使是现实世界中根本不存在的现象、景观和场景，都能通过计算机动画技术生动再现。

3. 多媒体数据库

数据库技术和多媒体科学技术有机地融合而创造出了一类新生事物——多媒体数据库。多媒体数据库并不是望文生义地理解成对现有数据库进行界面包装，而是基于多媒体数据以及各类不同属性信息特性，将它们引至数据库。

把多媒体数据引进传统数据库难度非常大，因为传统字符数值型数据应用范围极其有限。只有解决从体系结构到用户接口等程序和技术难题，才有可能建立多媒体数据库。交互性本身就是多媒体的基础和灵魂，没有它就注定不会发展多媒体，只有通过这种形式才可以从根本上转变传统的数据库中查询的被动性，才可能通过这种交互性主动地去表现出多媒体。多媒体数据库主要为我们解决了三个关键的难题，一是信息媒介的多元化，二是对多媒体数据集成的呈现和集成，三是多媒体数据的交互性。

4. 虚拟现实

虚拟现实技术，也就是一种专门广泛用于工业设计的高端人机接口，使用者可以通过人机接口用来实现各种人机之间对于人体视觉、听觉感官、触觉、嗅觉和味觉等多种感知情绪的互动模拟与进行实时交互。虚拟化技术指存在于用户感觉或者图像效果上但事实上并不存在；现实是指由某些真实的东西组成，因此不同于那些只有表现的东西。一言以蔽之，虚拟现实是指通过一系列高科技，使体验者置身于感受上、事实上并不存在的虚拟环境中。其核心是通过计算机、网络、全息投影等技术创造出一个虚拟环境。虚拟现实主要有三个特征：沉浸性、交互性和实时性。沉浸性主要是指体验者、使用者在虚拟环境中实现精神沉浸和身体沉浸，也可称为完全沉浸和部分沉浸。完全沉浸是指体验者彻底投入其中，有种身临其境的感觉和状态，而部分沉浸则指在感官上的体验，没有完全"穿越"到虚拟现实中。交互性和实时性是虚拟现实区别于展览、电视和电影的主要特征。交互性是指体验者在虚拟的三维空间，可与其中的人与物等场景进行互动，并且会做出一定的响应。实时性是指体验者在虚拟环境中得到的感觉反馈是即时的，不具有任何时间差。这两个特征的作用是使虚拟环境在感觉上接近现实，甚至以假乱真。

5. 增强现实

在近些年来增强现实在数字化领域中已经作为其中的一大研究热点。"增强现实实际上可以说是运用计算机技术生成的增强信息并将之有机、实时、动态地融入叠加进观察者在真实中所看到的环境当中，另外如果观察者在现实的环境中进行移动时，增强信息同时也能够随着人的移动而产生相对应的变化，增强信息就仿佛在现实环境中存在一般。""虚实结合、实时交互、3D注册是它的三个主要特点。"

（三）国内文化遗产数字化重构的经验基础

随着数字技术的不断进步和应用需求的加速升级，我国许多重要的文化遗产已经走上了数字化保护、展示与利用之路，以"数字敦煌项目""数字故宫项目""数字三峡项目""数字圆明园项目"等为代表，已取得了显著的成就，较好地带动了我国文化遗产数字化重构的建设和发展。文化遗产虽不能永存，但通过数字化的方式，却可以使他们得以再生和永续。

1. "数字敦煌项目"

"数字敦煌项目"主要任务是将来自敦煌的珍贵壁画历史信息数据进行精准的实时数字化物理扫描与影像拍摄，把珍贵的世界文化遗产壁画信息历史资料全部收集得以精准数字化并实时存储于数据记录中。早在20世纪90年代，时任中国敦煌研究院院长的樊锦诗就已经明确提出"数字敦煌"的战略构想，即通过研究运用数字电子化和计算机等等数字化技术手段将现存敦煌的石刻壁画和石窟彩塑艺术作品永久而又高保真的数字文物文化遗迹系统保存管理下来。三十多年来，这一重点工程按照总体规划不断往后一步推进，已取得良好的效果。画面精度已由最开始的75dpi逐渐提升达至了最高600dpi，这也就是说，采集后的显示图像是以前的四倍多，在整个屏幕上进行观察时相比于在洞穴上进行观察时清晰度高很多。

2014年8月，莫高窟文化数字参观展示中心正式搭建完成并全部竣工投入使用，实行了单日6000人次的参观承载能力密度控制、网络参观预约、分

图 2-31　敦煌莫高窟全景

图 2-32　莫高窟第 55 窟内景

多个时段的实景参观、数字化的参观虚拟化将洞窟式的实景参观展示与传统数字化模拟莫高窟真实实景参观的视觉体验有机融合等多种新型综合性的参观服务方式，使得中国旅游旺季期间到达参观莫高窟区的中外游客量瞬间峰值从 2013 年的 2000 至 3000 人次，下滑一半到 1200 人次，有效地巩固维护了保存莫高窟的重要历史文物原始风貌本体。直径 18 米的大型彩色球幕将在电子壁画影院中，通过各种大规模的现代数字化技术手段所挖掘取得的大量

图 2-33　莫高窟第 96 窟 "九层楼"

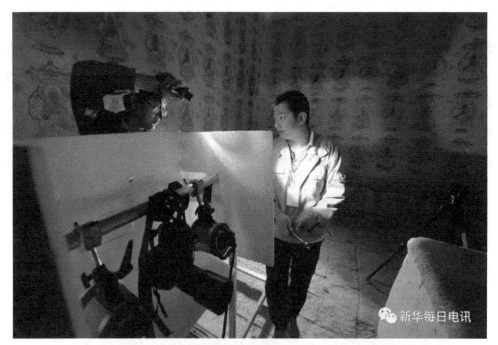

图 2-34　工作人员对莫高窟第 152 窟进行数字化采集

图 2-35　莫高窟数字展示中心全景图

壁画艺术素材纤毫毕露，游客仿佛沉浸于天穹当中，饱览着这座梦幻佛宫的壮丽美景。自此，"前端观影、后端看窟"的境内国际洞窟旅游游客信息化对外开放综合服务这一新模式正在中国莫高窟中得到实现，这在很大程度上有效缓解了国外游客从门口乘车蜂拥而至到进入洞窟的紧张交通压力，实现以文物保护作为主要出发点，将中国莫高窟的旅游数字化服务落脚于游客端。

2016 年 4 月 29 日，"数字敦煌"国家信息技术资源库综合服务平台第一期正式完成上线，首次将整个敦煌石窟 30 个古代敦煌经典石窟洞穴的全部高清数字化内容和全景漫游节目面向全世界进行发布。到目前为止，敦煌研究院共设计完成了首次采集影像图片的高精度处理为 300dpi 的大型洞窟将近 200 个，以及 110 个洞窟的图片影像采集处理、140 个大型洞窟首次节目制作的全景观光漫游等多个技术项目的设计制作。2017 年"数字敦煌"英文版上线。

将互联网的科学技术作为支撑点，以敦煌研究院的学术科学研究成果与壁

图 2-36　莫高窟数字展示中心球幕电影《梦幻佛宫》

图 2-37 "敦煌岁时节令"趣味动图之春分和小暑

画素材作为依托，他们在微信公众号、微博上等新媒体深度挖掘敦煌历史遗产文化多个方面的价值体现，在大众视野中使得古老的敦煌石窟变得更加生动鲜活起来。谷雨耕种、立夏品酒、小暑摇扇，透过"敦煌岁时节令"一系列充满乐趣的动态图片，从壁画里脱颖而出的尽是古典雅致之美。

在文化产品创意服务方面，退出了观音菩萨"同色号"的经典口红、字词以及数量颇高的"敦煌小冰"、动漫系列电影《舍身饲虎》《降魔成道》等各类丰富精彩多元化的文化创意产品以及其他的趣味性文化服务，让广大人民群众有了更多的深入接近古代研究中国传统文化的活动时间和机会，将古代中华文化物质遗产产业进行了一次具有创造性的融合转化和一次具有创新性的持续发展。

图 2-38　敦煌文创课程学员拍摄菩萨"同色系"口红线描图

图 2-39　敦煌文创课程学员给线描画涂菩萨"同色系"口红

2. "数字故宫项目"

早在 2003 年，故宫博物院就开始与日本凸版印刷公司进行战略性合作，共同创办了故宫文化遗产数字化应用研究所。以故宫的虚拟增强现实艺术作

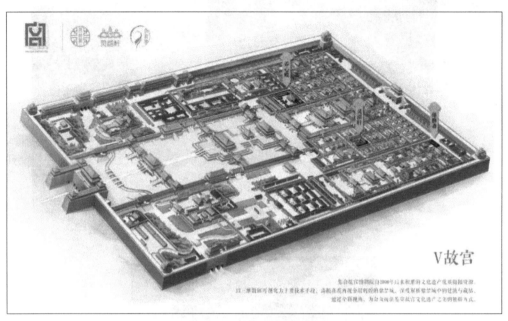

图 2-40　V 故宫俯视图

图 2-41　"V 故宫"全景游览养心殿

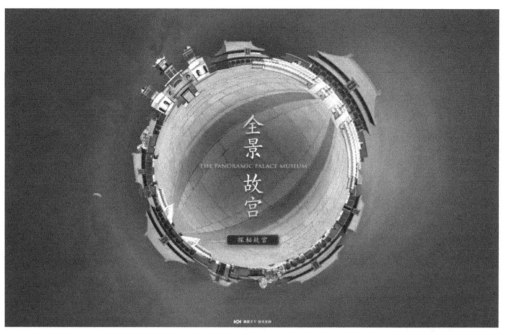

图 2-42　全景故宫网页界面

图 2-43　全景故宫（一）

品为主要传播载体，全面、直观地收集和记录了对于古代建筑和文物三维的
信息数据，相继创作并完成了五部重要的大型虚拟增强现实艺术作品，从对
于建筑场景的展览再现，到对于非物质历史文化遗产的再现，又到对于文化

图 2-44　全景故宫：乾清宫

图 2-45　VR 故宫：室内

气息和氛围的充分表达，不断深入探讨故宫的艺术文化内涵。[①]

在数字故宫发布会"让传统建筑焕发新机"的环节里，"全景故宫"在故

---

① 贾秀，清王珏.数字化手段在我国文化遗产传承与创新领域中的应用[J].现代传播，2012，
(02)：112—115.

图 2-46　VR 故宫：养心殿

图 2-47　游客体验故宫 VR 作品

宫博物院官方网站全新进行了改版后再上线。该系列产品现在已经覆盖了故宫的所有公共开放场地，只要打开自己的网页或移动设备，壮美的紫禁城便能够映入眼帘、尽收眼底。调整后转入"V 故宫"模式，还能够实现沉浸式的体验。未来"全景故宫"也将通过记录故宫不同的季节、气候、时间的变化，给古代文化建筑留下"时间的烙印"。

利用虚拟现实技术创作的《紫禁城——天子的宫殿》等作品，让游客们无须亲自前往故宫太和殿，便可在演示厅通过自主操控进行参观，太和殿的三维影像精确地投射到巨型环幕上，充分满足了游客了解故宫文化，体验故宫精品的需求。高清全景式数字化视频场景，大大适应了受众进行精细化的参观及专家学者探索的需要。观众们也能够避开拥堵的人群，甚至能够仔细欣赏太和殿龙座及牌匾，实现现场不能达到的精致化体验。这对于 2018 年有1700 万名游客拥入 72 公顷，且同时位于北京首都文化中心点所在位置的故宫而言，在缓解旅行者的压力、周边接待、交通工具的压力，改善旅行者的体验等各个方面，无疑具有重要的意义。故宫博物院还于 2015 年也出品了基于平板电脑的 App——《韩熙载夜宴图》，将其静态的历史绘画再现成一场声像并茂，且极具立体感的艺术盛宴。

3. "数字三峡项目"

"数字三峡项目"主要任务是一种综合利用三维物体信息成像技术、三维物体扫描成像技术和先进的高精度三维摄影信号处理成像技术的三维数字全景图像模拟系统，大量采集获取关于我国三峡地区的自然历史、文化建筑遗迹、景观等的三维物体图像与地理数据，并通过设计绘制生成一个关于三峡物体和景观场景的三维数字全景图像模拟器，完整、真实、生动地再现因为长江三峡两岸丰富的历史文化遗址原貌。重庆中国三峡博物馆目前拥有的展品是一座以巴渝中国文化、三峡中国文化、抗战中国文化、移民中国文化及重庆城市历史文化研究为主的一座具有中国特点的融合历史、艺术等多类型的现代综合文化博物馆。2017 年，"三峡数字博物馆"筹建工程暨重庆中国三峡博物馆数字智慧馆库管理服务平台建设项目正式开工启动，至 2018 年 10 月底已完成工程竣工投入验收。其中设在白鹤梁的水下文化博物馆中的 VR 展示项目，是一个充分运用三维数码图像技术扫描大量二维数据，通过先进的数字电脑综合技术对各种文化设计创意作品进行了综合加工，以各种虚拟现实呈现的艺术形式，让所有曾经具有中国历史文物和中国传统民俗文化痕迹遗

图 2-48 三峡大坝数字沙盘

图 2-49 多媒体互动展示魔墙

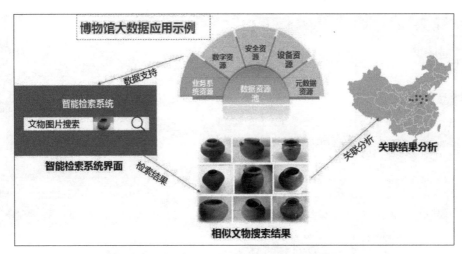

图 2-50　打造基于云计算的智慧博物馆平台

址的文物原貌重新得到复活，并通过结合各种 VIVE 虚拟增强现实展示装置技术进行各种 VR 互动艺术展示，构建打造出一种具有高品质、沉浸式的轻松艺术文化互动体验，让现场观众不仅能够在整个 VR 展示系统中直接轻松跟随艺术向导脚步来进行参观，享有一场自己独特的轻松文化体验之旅。白鹤梁水下文化博物馆展览 VR 展览由三个主要的部分共同结合组成，第一个部分是主要的部分"白鹤梁的由来"：每位参观者通过穿越古代返乡路重回古代，乘坐轮船或渡船沿着一条正如同史诗般的美丽长江穿过江面，欣赏"尔朱真人成仙""诗人提笔白鹤梁"等美丽的山水场景；第二个部分是"伟大工程"：通过重新设计再现白鹤梁水下文化博物馆开始建造时的历程，场面宏大，令参观人不禁感到十分震惊；第三个部分是"水下畅游"：每位参观者将自己形象化身"潜水员"，与水下题刻进行零距离的亲密接触，与来自长江珍稀的各种鱼类同时下水嬉戏。除此之外，还有历史博物馆信息系统文化传播新媒体平台、AR 智能信息导览展示系统、多媒体信息交换与网络互动信息展示智能魔墙、三峡大坝全景数字旅游沙盘、智能在线旅游客流量统计数据分析采集与信息分析处理系统等，将整个静态化的历史博物馆地理信息文化资源整合进行了系统动态化，对隐形的动态历史信息地理文物信息文化资源基本实现了动态还原，突破了历史时间、空间和历史信息文化传播方式的特殊局限，增强了我国社会各界人民大众对于我国历史地理文化的知识认知与信息阅读理解能力，大幅度地有效提升了历史展览的文化信息陈列展示效果。

4. "数字圆明园项目"

"数字圆明园项目"项目是由中国北京数字圆明科技文化有限公司主持和推进，由数十位专家学者亲自参与，历时十余年，与当代考古挖掘的现场检查和测量数据相互结合，对大量的档案资料进行精细、准确的整理和解读，在此项目的基础上，应用了数字化技术，例如三维建模等，让"圆明园"这座万园之园的壮丽风光完美地虚拟再现。

研究小组团队通过收集和查阅万余件圆明园历史文件和档案，绘制了4000 幅圆明园复原设计的图纸，建造了 2000 座完整的数字化建筑模型，分 6 段圆明园历史划分期中的 120 组时空间节点单元，让圆明园的史料记录和相传故事传奇中的一些部分风景再次呈现在了社会大众面前，包括"正大光明"、同乐园大戏楼、方壶胜境、汇芳书院、谐奇趣等。

在复原工作的准确度方面，工程始终坚持研究和展现并重，力求准确的原则，不仅追求外观的"像样"，更追求内在的"精准"。如圆明园中的"卍"字形的"万方安和"、"田"字形建筑田子房、月形建筑眉月轩等异形建筑，都能够达到"每一根柱、梁、檩、椽，每一块砖、石、瓦，都站得住、放得下"的标准，完全符合力学和建筑学的科学性。再现圆明园的过程也是重新发现的过程。以西洋楼景区为例，研究团队通过对文献、老照片和考古发现的全面分析，对该景区建筑的色彩有了新的发现，创造性地开展了为西洋楼"上色"的工作，让"五彩西洋楼"重现在人们面前。

在社会公众的普及性方面，"数字圆明园"项目努力承载并肩负起保护和弘扬中国优秀传统文化遗产的重要使命，将数字复原技术成果广泛地应用到游园的移动导览服务系统中，研发出一款高清、虚拟现实的沉浸式感官体验服务产品，开启了我国智慧游园建设的新篇章。通过这个系统，大家都能够从圆明园穿越古今，体味到美丽的胜景。

图 2-51　"数字圆明园"正大光明殿效果

图 2-52　"数字圆明园"方壶胜境效果

"数字圆明园"同时积极地投身于青少年的教育，研究小组与清华附中共同合作推出"走近圆明园"的特色班级课，为海淀区中小学精心编制了《走近圆明园》校本课程，每年还组织举办一次以文化遗产为主题的夏令营，让更多的青少年和孩子在轻松的气氛中获得更加深度的传统文化遗产教育活动

图 2-53 "数字圆明园"上下天光效果

图 2-54 "数字圆明园"同乐园效果

体验。该团队也运营"数字圆明园"的微信公众号，可以通过自己的方式免费提供给人们亲身体验360度的园景再次实现，另有"在线圆明园"的移动App也是可以直接下载。

第三章　北宋皇陵文化遗迹分析

　　北宋时期的皇陵墓葬地址在现今河南省郑州市境内现辖属县级市区的巩义市。巩义市东与河南荥阳地区毗邻，西与河南偃师地区毗邻接壤，南依嵩山，北临我国黄河。东距河南省省会城市郑州 79 千米，西距洛阳市 70 千米，在河南郑州与洛阳两地间的交通线上。皇陵古城遗址文化区域群是位于巩义市内西南部地区，地理坐标为东经 112° 54′ 25″~ 58′ 45″，北纬 34° 39′ 55″~ 44′ 50″；海拔高度 160 米~ 222 米。陵区东距北宋都城东京（开封）约 122 千米，西距北宋西京城（今洛阳）约 55 千米，是宋代东、西京往来必经之地。

图 3-1　北宋皇陵

北宋皇家陵墓的建造，自宋太祖改葬其父赵弘殷的永安陵开始，"（永安陵）在开封府开封县，今奉先资福禅院即其地。乾德二年，改葬于河南府巩县"。赵匡胤称帝位后，为表忠孝，追封其父为宣祖，以帝陵之制将其父改葬于今河南省巩义市。自乾德二年（964年），即北宋王朝正式立国的第5年，直到北宋王朝正式灭亡，该地总计在此分别埋葬了当时的七个北宋王朝的皇帝和被北宋王朝追封谥号为"宣祖"的赵匡胤之父赵弘殷，故称"七帝八陵"，同时，这里共计在此随葬有22个北宋皇朝皇后和上千座北宋时期皇室的直系子孙被作为皇帝陪葬的陵墓，从而不断发展逐步形成了一个庞大的宋代皇朝陵墓群。

一、概况及保存现状

（一）北宋皇陵的概况

按照埋葬时间的先后，北宋八陵的顺序依次是：宋宣祖的永安陵、宋太祖的永昌陵、宋太宗的永熙陵、宋真宗的永定陵、宋仁宗的永昭陵、宋英宗的永厚陵、宋神宗的永裕陵和宋哲宗的永泰陵。宋徽宗赵佶和宋钦宗赵桓于北宋靖康二年（1127年）金兵进攻宋朝东京后被俘虏，后于五国城（今位于黑龙江依兰县）客死。徽宗驾崩时间为绍兴五年（1135年）四月，最初将其安葬于五国城；绍兴十二年（1142年），金人将徽宗梓宫送还，南宋王朝"以八月奉迎，九月发引，十月掩攒，在昭慈攒官西北五十步，用地二百五十亩。十三年，改陵名曰永祐"[1]，又把其改葬在了会稽上亭乡。钦宗于绍兴三十一年（1161年）五月崩，"宰臣陈康伯等率百官诣南郊请谥，庙号钦宗，遥上陵名曰永献"[2]；直到金世宗大定十一年（1171年）三月，金人才"命有司以天水郡

---

① （元）马端 . 文献通考 . 北京：中华书局，2011，临卷一百二十六

② （元）脱脱等 . 宋史 . 北京：中华书局，1985，卷七十五

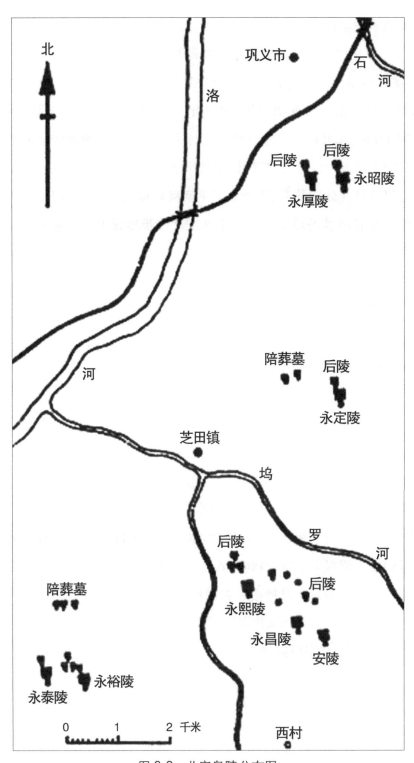

图 3-2　北宋皇陵分布图

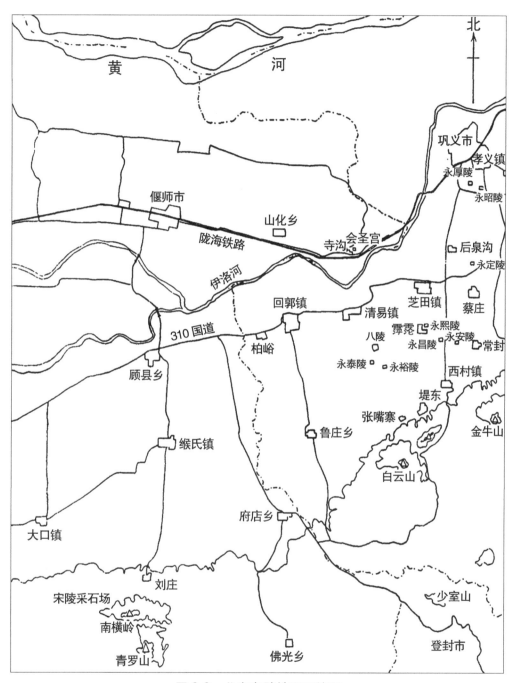

图 3-3　北宋皇陵地理环境图

公旅梓依一品礼葬于巩洛之原"①。由于钦宗不是按皇帝礼安葬，因此其具体葬地今地面已了无痕迹。

北宋九位皇帝所册立（包括薨后追封）的皇后，计有二十九位之多。其中，宋仁宗的张皇后、郭皇后、温成张皇后先后都被埋葬在河南开封的奉先院，宋哲宗的昭慈圣献孟皇后、宋徽宗的显肃郑皇后和宋徽宗的显仁韦皇后分别都被埋葬在中国浙江会稽上亭乡，宋钦宗的仁怀朱皇后埋葬在河南五国城。其余二十二位皇后都祔葬于巩义北宋八陵陵区。由于宋代严格的葬墓实行了皇帝与皇后同茔的合葬制，除最初一代埋葬的昭宪杜太后与宣祖赵弘殷合葬于唐代永安陵外，其他历朝的皇后均单独葬于北宋帝陵的西北隅，与其他帝陵共同处同一区域之内。

皇后陵一般不再另立陵名。宋真宗咸平二年（999年），修奉元德李皇后陵时曾议立陵号，"太常礼院言：'唐德宗昭德皇后王氏，顺宗之母，始葬崇陵；睿宗肃明皇后始葬惠陵，后榭葬桥陵。周显德末都省集议引故事，帝后同陵谓之合葬，同葬（茔）兆谓之祔葬。汉吕后陵在长陵西百余步，以同茔兆而无名号。又唐穆宗二后王氏生恭宗，萧氏生文宗，并祔葬光陵之侧。今园陵鹊台在永兴陵封地之内，恐不须别建陵号。'从之"。②因此，在最早的葬北宋太后皇陵的诸王朝皇后陵中，仅有宋真宗在担任北宋皇太子时期的亡妻莒国夫人潘氏，追册为皇后，谥壮怀，葬永昌陵之侧，陵名保泰，这也是唯一册封立过陵名的北宋皇后陵。

北宋诸帝、后陵中，八座皇帝陵保存完好，皇后陵地面现存十八座，依据帝系先后和各陵的分布位置，可划分为西村、蔡庄、孝义和八陵四个陵区。

1. 西村陵区（永安陵区、永昌陵区、永熙陵区）

西村陵区位于今河南省巩义西村镇的常封村和巩义滹沱村之间，南距巩

---

① （元）脱脱等.宋史.北京：中华书局，1985，卷七十五
② （宋）李焘.续资治通鉴长编.北京：中华书局，2004，卷四十六177页

图 3-4　章怀潘后陵现状

图 3-5　宋太祖赵匡胤永昌陵考古现场南门狮

义西村镇 1.5 千米，东北距河南巩义市区约 10 千米。该陵区东南依嵩山北麓的金牛山，东邻青龙山，现有季节性河流坞罗河和天坡河，分别从陵区的东、西侧流过，至陵区西北汇合后向北注入伊洛河。由于山洪的冲刷，河岸不断坍塌和外扩，陵区的西北部逐渐没入河谷，现有两座皇后陵园已近河岸，面临被冲毁的危险。

该陵区依坡地而建，南部地势略为隆起，北部比较平坦，故当地群众称之为"龙洼"。由于近年平整土地，陵区内梯田层层，由南向北呈阶梯状分布。自东南向西北依次排列着宋宣祖永安陵、宋太祖永昌陵和宋太宗永熙陵。除永熙陵靠近村庄、乳台以南被民房覆盖外，其余陵区均为农田，保存较好。

另外，西村陵区祔葬着九座北宋皇后陵，分别是祔葬于太宗永安陵的北宋太祖孝明王皇后、孝惠贺皇后、太宗懿德符皇后和北宋太宗淑德尹皇后四座北宋帝后陵坟，葬于宋太祖永昌陵的北宋太祖仁惠孝章宋皇后、真宗章怀潘皇后葬有两座太宗后人后陵坟，葬于宋太宗永熙陵的北宋太宗元德李皇后、

图 3-6　北宋永昌陵

图 3-7　宋太宗赵光义永熙陵神道东侧驯象人与石象

明德李皇后和北宋真宗章穆郭皇后三座北宋皇后陵。现在，除祔葬于永安陵的孝明王皇后和懿德符皇后没有找到其确切位置外，其余七座皇后陵都在地面上有建筑物遗留，这七座皇后陵都位于所祔葬的皇帝陵的西北部。

2. 蔡庄陵区（永定陵区）

蔡庄陵区地处在芝田镇蔡庄村北岭之上，南面距离蔡庄村约有 1000 米，北面离巩义市区大概有 5000 米。310 国道从陵区的南面经过，从此地往西边 5 里便到达宋永安县城（今芝田镇）的所处位置。该地位于北宋诸陵的中部地区，南边与西村陵区三陵遥遥相望，岗北坡地上有永昭陵和永厚陵。

该陵墓地区的正南方向与少室山主峰相对，东南部和嵩山余脉青龙山相互连接，西北坡下便是东注黄河流域的伊洛河。陵区的地形地势较为高亢，气佳且形盛，宋时期被称作是"卧龙岗"。陵区的内部建造有宋真宗永定陵，还有章献明肃刘皇后、章懿李皇后和章惠杨皇后三座皇后陵在永定陵西北祔葬。

图 3-8 宋真宗赵恒永定陵陪葬墓东门双狮

永定陵陵园建于岗地顶端的偏西部，地势东高西低，现呈阶梯形的台地。由于远离村庄，陵区附近绝少障碍物，地面遗存保存较好。

现存的三座皇后陵皆位于永定陵西北部。其中一座紧邻永定陵上宫，现存乳台南距永定陵西北角阙仅 100 米；另外两座则距永定陵上宫较远，位于芝田镇后泉沟村东南。按埋葬时间的先后顺序，可以确定最西边的一座为章惠杨皇后陵。近年在章惠杨皇后陵北部、后泉沟村东，曾发现宋《修奉园陵之记》石碑一通，碑文所记即为修奉杨皇后陵园之事。章懿李皇后和章献明肃刘皇后同时安葬，但那时章献明肃刘皇后陵已由园陵改称山陵，并为此详定了山陵制度，且祭奠仪式和仪仗排列又均以刘皇后为尊，故推测靠近永定陵的一座可能为章献明肃刘皇后陵，而章惠杨皇后陵东邻的一座有可能是章懿李皇后陵。

3. 孝义陵区（永昭陵区、永厚陵区）

孝义陵园地区处在今天的巩义市区南部，地理上属于原孝义镇的一个外沟、二十里铺及一个孝南村。巩义市区南部现为一个黄土岗，岗地东南部与

图 3-9　永昭陵

中国嵩山南麓余脉中的青龙山地相连。陵区的内部从东南开始至西北部，按序排列建造的有宋仁宗永昭陵和宋英宗永厚陵，两座陵区上宫东西之距大约有300米。史料中记述："永厚陵南至永定陵七里一百三十一步，东至永昭陵九十步"。其九十步，约合140米，与永昭、永厚两陵上宫间实际距离相差太大。据推测，史料所述的九十步，有可能是指两陵封地间的距离。

在永昭陵的西北隅，现存有慈圣光献曹皇后陵。曹皇后陵园的鹊台向南紧接永昭陵北神墙，向北与乳台的间距不足20米，与其他皇后陵鹊台至乳台、乳台至南神门距离均不相同，可能是由于陵园地狭"迫隘"，不得已变更制度的缘故。

在宋英宗永厚陵的西北隅，英宗宣仁圣烈高皇后陵祔葬在此。而且在永厚陵西北部，还清理了三座随身陪葬坟，分别为魏王赵頵公墓、燕王赵颢公墓和充王赵俊公墓。其中，赵颢是宋英宗的第二个儿子，赵頵是宋英宗的第四个儿子，据墓志记载都葬在永厚陵之北。

4．八陵陵区（永泰陵区、永裕陵区）

八陵墓陵区遗址位于中国河南省巩义市西南部约12千米的巩县芝田镇八陵陵村南。这里南依跨越嵩山的一条主要余脉白云山，北依连接东注的支流伊洛水，地形开阔，岗坡平缓。该陵墓地区大致位于北宋四个帝皇陵所在地区中偏置西南，东与西村陵区隔天坡河相望，两者相距约2.5千米。陵墓地区内自东南往西北顺序排列建造的是宋神宗永裕陵还有宋哲宗永泰陵。在永裕陵祔葬的皇后，据历史资料确切记载的有宋神宗的钦圣宪肃向皇后、钦慈陈皇后、钦成朱皇后和宋徽宗的显恭王皇后。另外，宋徽宗的明达刘皇后最初被葬在位于开封的昭先积庆院，之后又被迁走祔藏于永裕陵，在惠恭王皇后陵园之中陪葬。而明节刘皇后是被葬于明达刘皇后陵园的西北隅，与明达刘皇后并园立祠。宋哲宗永泰陵位于宋神宗永裕陵的西北约500米处，东距钦成朱皇后陵园200米。在永秦陵的西北隅，现存一座皇后陵园，当是哲宗的昭怀刘皇后陵。

图 3-10 永裕陵现状

图 3-11 宋神宗赵顼永裕陵神道石羊

表 3-1：遗存清单总表

序号	分布位置		遗存名称	历史功能	历史年代	规模
1	西村片区	永安陵区	永安陵上宫	帝陵	乾德二年（964年）	5.76 公顷
2			永安陵下宫			2.21 公顷
3			孝惠贺皇后陵	后陵	乾德二年（964年）	2.18 公顷
4			淑德尹皇后陵		不详	2.39 公顷
5		永昌陵区	永昌陵上宫	帝陵	太平兴国二年（977年）	9.8 公顷
6			永昌陵下宫			2.3 公顷
7			孝章宋皇后陵	后陵	至道三年（997年）	2.09 公顷
8			章怀潘皇后陵		至道三年（997年）	2.39 公顷
9			陪葬墓1号	不详	不详	不详
10			陪葬墓2号	不详	不详	不详
11			陪葬墓3号	不详	不详	不详
12		永熙陵区	永熙陵上宫	帝陵	至道三年（997年）	8.87 公顷
13			永熙陵下宫			1.94 公顷
14			元德李皇后陵	后陵	咸平三年（1000年）	2.76 公顷
15			明德李皇后陵		景德三年（1006年）	2.46 公顷
16			章穆郭皇后陵		景德四年（1007年）	1.45 公顷
17	不详		永昌禅院	寺院	永安院：乾德五年（967年） 更名永昌院：大中祥符五年（1012年）	——
18	夹津口		净惠罗汉院	寺院	天圣年间（1023年～1032年）	不详
19	蔡庄片区	永定陵区	永定陵上宫	帝陵	乾兴元年（1022年）	9.43 公顷
20			永定陵下宫			2.49 公顷
21			彰献明肃刘皇后陵	后陵	明道二年（1033年）	2.40 公顷
22			章懿李皇后陵		明道二年（1033年）	2.37 公顷
23			章惠杨皇后陵		景祐四年（1037年）	1.48 公顷
24			陪葬墓1号	皇室	不详	1.1 公顷
25			周王墓（暂定）	皇子墓	不详	0.05 公顷
26			寇准墓	大臣墓	皇祐四年（1052年）、清乾隆迁建	不详
27			高怀德墓	大臣墓	太平兴国七年（982年）	不详
28			蔡齐墓	大臣墓	不详	不详

序号	分布位置	遗存名称		历史功能	历史年代	规模
29			包拯墓	大臣墓	嘉祐七年（1062 年）	2.03 公顷
30			永定禅院	寺院	乾兴元年（1022 年）	2.964 公顷
31	孝义片区	永昭陵区	永昭陵上宫	帝陵	嘉祐八年（1063 年）	9.01 公顷
32			永昭陵下宫			2.25 公顷
33			慈圣光献曹皇后陵	后陵	元丰三年（1080 年）	2.58 公顷
34		永厚陵区	永厚陵上宫	帝陵	治平四年（1067 年）	8.68 公顷
35			永厚陵下宫			1.98 公顷
36			宣仁圣烈高皇后陵	后陵	绍圣元年（1094 年）	2.34 公顷
37			魏王墓	皇子墓	元祐九年（1094 年）	不详
38			燕王墓	皇子墓	绍圣四年（1097 年）	不详
39			兖王墓	皇子墓	元丰二年（1079 年）	不详
40	康店村		昭孝禅院	寺院	熙宁五年（1072 年）	不详
41	八陵片区	永裕陵区	永裕陵上宫	帝陵	元丰八年（1085 年）	8.92 公顷
42			永裕陵下宫			2.02 公顷
43			钦圣宪肃向皇后陵		建中靖国元年（1101 年）	2.36 公顷
44			钦慈陈皇后陵	后陵	建中靖国元年（1101 年）	1.88 公顷
45			钦成朱皇后陵		崇宁元年（1102 年）	1.82 公顷
46			显恭王皇后陵		大观二年（1108 年）	1.63 公顷
47			陪葬墓 1 号	公主墓	大观四年（1110 年）	不详
48			陪葬墓 2 号	不详	不详	不详
49			陪葬墓 3 号	不详	不详	不详
50			陪葬墓 4 号	不详	不详	不详
51			永裕陵防洪堤		宋徽宗（1101 年～1125 年）	约 552 公顷
52		永泰陵区	永泰陵上宫	帝陵	元符三年（1100 年）	8.92 公顷
53			永泰陵下宫			2.09 公顷
54			昭怀刘皇后陵	后陵	政和三年（1113 年）	1.96 公顷
55			陪葬墓 1 号	公主墓	元符三年（1100 年）	不详
56			陪葬墓 2 号	不详	不详	不详
57			陪葬墓 3 号	不详	不详	不详
58			宁神禅院	寺院	元祐元年（1086 年）	2.4 公顷

序号	分布位置	遗存名称	历史功能	历史年代	规模
59	清易镇、柏峪镇	陪葬墓区	各陵共用	——	约1500公顷
60	芝田镇	陵邑	陵邑	景德四年（1007年）	不详
61	偃师市	会圣宫	原庙	天圣八年（1030年）	4.68公顷
62	芝田镇	砖瓦窑	砖瓦窑	——	发现13座
63	偃师市	采石场	采石场	——	约430公顷

　　北宋皇陵遗址区北部的孝义陵区涉及了巩义市城市建成区、中部的陵邑，砖瓦窑涉及芝田镇镇区，其余大部分位于农村腹地。规划范围内涉及3个街道办事处、6个乡镇和35个村，占全市约1/3个乡镇。北宋皇陵所在地属于黄河中游经济区，2008年全区城镇人民总收入13236元，乡镇村庄农民的人均总收入7960元。遗址分布区内农村经济来源以农副业、乡镇企业为主，现状人均耕地面积1.3亩/人。农业产品作物主要有小麦、玉米、大豆、红薯、芝麻、油菜籽、棉花等。巩义市为中原城市群重镇，郑洛工业经济带的主要组成部分，以第二产业为支柱产业，且增长速度较快。工业主要领域包括有色化学金属原材料及其他金属化学产品制造业、非金属矿产和物质化学制品加工行业、有色化学金属材料冶炼和加工压延材料加工设备行业以及利用电力、热能的技术生产与服务供给业等。

　　巩义市的地理位置处于中国黄河南岸第二十阶地往第三阶地的土壤河谷平原地区过渡的重要中心地带，位于中国嵩山北麓，地势自南向北发展呈一个阶梯式的纵向降低，由北部中山、低山、丘陵等平原地区局部过渡延伸到嵩山河谷土壤平原。洛河自西部入境，东北流入黄河。北宋皇陵遗址区分布于洛河以南的山前黄土丘陵区，几条季节河把丘陵区切割为几个小塬，塬的周围呈现黄土梁和V形谷残塬地貌。西村、蔡庄、孝义、八陵四个陵区各处于相对独立的小塬上。遗址区东南、南部为嵩山山脉环绕，包括白云山、青龙山、牛山等。巩义市所在地属暖温带大陆季风气候区，气候四季分明。年平均气温 14.6 摄氏度，最高气温 43 摄氏度，最低气温 –15.4 摄氏度，年平均降雨量 583 毫米，主导风向为西南风。汛期降水多而集中，年径流总量 1.5 亿立方米。陵墓分布区地下水位为距地表 20 米~120 米。巩义市境内与北宋皇陵遗存保护有关的自然灾害主要为山洪、暴雨和地震。山洪、暴雨一般集中发生在 7 月、8 月，频率约 4 年一遇。巩义位于华北大陆地震带南端，现有最多可查的地震约 50 次记录，存在发生强震的潜在威胁。北宋皇陵遗存分布于地势较高的土塬上，基本不受河流洪水威胁。唯一与北宋皇陵相关的主要河流伊洛河现状防洪标准为 50 年一遇。

（二）北宋皇陵的保存管理现状分析

1. 保护管理现状

1983 年成立了巩义北宋皇陵文物管理所，是负责北宋皇陵的文物安全、规划实施、旅游接待等保护管理工作的保护管理机构；1984 年，成立了永昭陵管理处，负责永昭陵管理工作；2008 年，撤销上述机构成立了北宋皇陵管理处，负责北宋皇陵管理工作，主管部门均为巩义市文物旅游局。

目前，北宋皇陵管理用房共 2 处，一处为北宋皇陵管理处用房，位于永昭陵上宫南侧，面积约 972 平方米；另一处位于永定陵上宫神道西侧，面积约 1243 平方米。北宋皇陵自 1963 年公布为河南省第一批文物保护单位后，坚持按国家文物保护法律法规要求执行管理。1982 年巩县人民政府发布巩政〔1982〕173 号文件《关于国家重点文物保护单位北宋皇陵的保护暂行规定》，以地方法规的方式落实对北宋皇陵的保护和管理相关要求，加强依法管理的力度。2007 年已编制和公布实施《北宋皇陵保护规划纲要》，确定了北宋皇陵保护总体规划的重大原则，制定了北宋皇陵保护管理的重点策略、主要任务和实施步骤，用于指导《北宋皇陵保护总体规划》的编制和遗址的整体保护、综合管理。已编制和公布实施《巩义市城市总体规划》（2001 年 ~ 2020 年），将北宋皇陵列为巩义市重大文化资源，对北宋皇陵提出了相关保护措施。保护性资金主要是由地方多个部门的财政专项资金的支持，并且呈现出平缓的增长趋势；因遗址点多位于田野，文物保护征地、周边环境整治、基础建设和日常维护资金较为缺乏。北宋皇陵现尚未建立遗产监测体系。已按照全国重点文物四有档案建设要求建立保护档案，但档案电子化程度有限，尚需继续引入数字化技术手段进行数字档案整理保存，同时应尽快策划建设包括保存、保护、利用、管理、研究等内容在内的遗产监测系统。

2. 研究现状

20 世纪初至 20 世纪末，国内外学者对北宋皇陵开展了调查、考古等研究工作，形成了一定的研究成果。但近年的考古研究和相关研究工作略显不足。其中 20 世纪 50 年代末至 60 年代初，南京工学院郭湖生等对北宋皇陵进行调查，取得了比较丰富的实物资料，并发表调查报告。20 世纪 70 年代后期至 80 年代初，巩县文管所傅永魁对北宋皇陵石刻和墓志进行了研究，拓展了北宋皇陵的研究领域。1984 年~1985 年，河南省文物研究所、宋陵文管所联合清理了元德李皇后地宫，积累了珍贵的北宋皇陵地下遗存研究资料。

1992 年~1995 年，河南省文物研究所等单位对北宋皇陵陵区约 160 平方千米范围进行考古调查，对皇陵进行考古勘察，并对永定陵上宫进行试掘、配合基建发掘了永定禅院遗址，1997 年出版考古专著《北宋皇陵》。

1964 年~2006 年发表考古报告或简报 7 篇、相关研究论文近 10 篇。

表 3-2：守陵相关研究论文表

论文题目	作者
宋代墓志的考古学研究	田娜
河南巩义北宋皇陵研究综述	马锋
《北宋皇陵》评介	秦大树
北宋帝陵石像生研究	孟凡人
宋代皇陵制度研究	刘毅

论文题目	作者
论阴阳勘舆对北宋皇陵的全面影响	冯继仁
略谈宋陵神道石刻艺术	卫琪
北宋皇陵制度研究	高晓东
写实传神：北宋七帝八陵雕像艺术特征	强胜利
北宋皇陵文化遗产及其保护	康永波
北宋皇陵文化景观的格局、功能及保护研究	贾艳凤
北宋皇陵建筑构成分析	冯继仁
谈北宋皇陵雕刻与民风民俗生活意味	张耀
北宋陵寝制度研究	陈朝云
试论北宋皇陵的等级制度	秦大树

3. 现存主要问题分析

北宋皇陵遗产整体受到自然和人为因素的综合影响，在保存、保护和管理现状中主要存在以下问题：

北宋皇陵作为古墓葬类遗产，遗产类型独特，安防监控是重点。北宋皇陵已在全部帝陵、后陵设置了安防监控系统，鉴于古墓葬类遗产的特殊性，安防问题是长期和重点问题。应进一步加强墓群分布区的整体安防系统建设工作，保持技术和设备的不断更新，保障陵墓及石刻的安全。

北宋皇陵遗存要素众多，调查和研究程度不一，全面保护难度大。北宋皇陵遗存要素众多，分布范围广大，遗存调查和研究工作量巨大，各遗存现有研究深度存在较大差异，造成了保护对象认定、保存状况评估等方面存在一定的不确定因素，对陵墓群进行全面保护的难度较大。

北宋皇陵的遗存分布存在城乡区位差异，保护管理需求差别大。北宋皇陵的主体遗存是四个帝陵片区，其分布区位存在较大差异。其中，孝义片区的永昭陵位于巩义市城市建成区、永厚陵位于城中村地带，其余三个片区位于农村腹地。分布在不同区位条件下的遗存，涉及不同的保护管理需求和协调方面，需要研究制定针对性的措施。

自然病害破坏、威胁问题。北宋皇陵的地面遗迹受自重应力、水分变化、雨水冲刷、酸雨腐蚀等自然因素影响；地面和地下遗存受到洪水、冲沟等自然因素和地质灾害影响，存在裂隙、剥蚀等病害和冲蚀、胡塌威胁；我们需要通过进一步地加强对遗物进行监测、研究并制订保护措施，防治各种病害的侵袭，保护其遗存物的真实性、完整性，保持其遗存物的延续。

城镇及村落建设发展、居民生产生活行为干预影响问题。由于北宋皇陵遗存一部分分布在城市建成区内，一部分现状已被村落包围，少量被村落直接叠压。遗存范围及周边环境内的大型城镇和村落的建设开发、大型外来交通设施、小型农村居民的生产和日常生活活动、大型城镇人口的发展、工业建设都会给该遗址带来一定程度的毁灭性和威胁。需要进一步研究制订土地使用功能调节、城乡体系诱导等保护管理、环境整治措施，以缓解该遗址地区的资源开发压力。在管理实施手段、各个部门之间的协调配合以及规划的衔接上都有待提高。

北宋皇陵的遗产类型特殊、遗存丰富、分布范围广大，现有的管理手段仅解决保护管理的基本问题，尚需加强数字技术的应用，提升管理体系的科学性和有效性。北宋皇陵作为巩义市重要的文化资源，由于分布区位和保存情况的差异，具备不同特点的利用条件。现有的利用模式和手段未经整体策划，无法正确、全面地阐释和传播北宋皇陵独特的遗产价值。应在深化北宋皇陵遗产价值研究、细化利用条件分析的基础上，开展遗产利用体系策划、科学开展遗产利用、展示、宣传、推广等工作，用新技术赋能保护与利用，充分发挥北宋皇陵的社会效益。

北宋皇陵遗产因其规模广大，遗存构成复杂，遗迹丰富，已有的研究成果在陵区兆域、地下遗存分布状况等方面存在较大缺环；文字资料较为分散，尚未能建立较为完备的资料库。尚需在已有研究成果的基础上，集成多学科领域科研力量，长期、深入开展遗产调查和研究，逐步完善遗产价值体系和价值载体档案，为遗产保护工作提供支撑。

4. 四个陵墓片区主要现存问题

（1）西村片区主要现存问题

西村片区位于巩义市南端农村腹地区域，由于靠近山地受到山洪威胁，同时受乡镇建设威胁。山洪威胁：来自南侧山地的洪水威胁片区安全。道路穿越：永安路从西侧穿越淑德尹皇后陵。村庄占压：潀沱村建筑占压永熙陵上宫。景观影响：潀沱村对永熙陵上宫产生严重景观影响。永熙陵西北侧的羽田庄工业区建筑高大，对永熙陵上宫及陪葬皇后陵产生景观影响。高压线穿越：西村片区有架空高压线穿越现象，主要为永安陵东侧的高压走廊和为乡镇企业、村落供电的线路，造成景观影响和安全隐患。

（2）蔡庄片区主要现存问题

蔡庄片区位于城市边缘地带，主要面临城市扩张区域建设和交通干线穿越威胁。其中永定陵上宫的开放展示也带来一些问题。道路穿越：310国道从南侧穿越永定陵上宫。后泉沟村道穿越包拯墓北侧。冲沟破坏：李杨皇后陵南侧大型冲沟威胁陵墓安全。建设占压：芝田工业区仓储用房占压永定禅院。景观影响：后泉沟村东半部由于地势较高，影响李杨皇后陵环境景观。景区绿化问题：永定陵内部绿化与遗产历史面貌不协调。高速铁路建设影响：郑西客运专线从地下穿越永定陵帝陵神道区域，对永定陵造成的影响有待监测和评估。

（3）孝义片区主要现存问题

孝义片区位于城市建成区，并属于较为核心的区域，其中永昭陵已经进行了展示区建设，主要面临的问题是城市建设带来的威胁和开放展示带来的问题。建设占压：气象站占压永厚陵上宫，城市建设占压永厚陵下宫及宣仁圣烈高皇后陵。景观影响：永昭陵周边大体量城市建筑影响整个陵区景观，最为严重的是北部的贝克大酒店。真实性问题：永昭陵上宫已进行保护展示工程，其中阙台、乳台、神墙进行的复建工程历史依据不足。游人管理问题：永昭陵作为公益性城市公园开放，游人游览过程无管理人员监督，存在污损、踩踏地面遗存的现象。

5.八陵片区主要现存问题

八陵片区位于巩义市南端农村腹地区域，由于临近山地受到山洪威胁，同时受乡村建设威胁。山洪威胁：来自南侧山地的洪水威胁片区安全。工业污染：八陵村工业区直接污染永裕陵上宫地面遗存。建设占压：八陵村工业区局部占压永裕陵上宫。八陵村局部占压永泰陵北侧。部分养殖场占压钦慈陈皇后陵和钦成朱皇后陵。景观影响：八陵村工业区紧贴永裕陵上宫，造成严重景观影响。永泰陵上宫保护房距离石像生过近，影响遗产景观。道路穿越：八陵村工业区通往八陵村东的村路穿越永裕陵神道和上宫西侧。冲沟破坏：显恭王皇后陵神道中央的冲沟对两侧石像生稳定性造成严重威胁，多条大型南北向冲沟贯穿八陵片区北侧陪葬墓区，已损毁几十处陪葬墓，并继续威胁陪葬墓安全。高速铁路建设影响：郑西客运专线穿越八陵片区北侧陪葬墓区，其附属建设威胁陪葬墓区安全。

二、核心特质

（一）北宋皇陵的历史地位

宋代是华夏民族文化的造极之世，北宋皇陵作为北宋皇家陵墓群，是反映北宋皇家统治思想与社会文化特质、国家仪轨、皇室规制的代表性建筑类型之一。北宋皇陵的选址位置、整体格局、地面建筑遗迹、墓室建筑及装饰、石刻造像、出土陪葬品等遗存，作为北宋时期国家级水平的建筑和工艺遗存，展现出明显的宋代文化、技术、艺术特征，为宋代社会文化、经济、技术发展状况，尤其是皇家丧葬制度、祭祀制度、建造制度等方面的研究提供了重要物证。

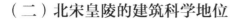

（二）北宋皇陵的建筑科学地位

在北宋时期具有革新性特点的社会政治、文化背景作用下，北宋皇陵的整体布局、建造形制和工艺产生了以下独特的创新因素：

1. 整体布局模式的创新价值：北宋皇陵结合风水选址，七帝八陵皆集中于河南巩义，开创了集中营陵制度之先河。

2. 陵墓建制的创新价值：北宋皇陵承继了唐代的上、下宫之制，但将下宫至于上宫西北，弱化了供奉陵主神灵衣冠的下宫地位。随之，位于上宫陵台前的献殿在朝陵礼仪中的地位尤显突出。至南宋，献殿成为陵域最主要的殿宇，陵主"梓宫"采用"攒宫"形式藏于殿后龟头屋，这种陵墓形制启发了后世，明、清皇陵均取消了下宫，保留祭殿，北宋皇陵是这种陵墓建置新格局的转折点。

3. 建筑形制学研究的价值地宫中的各种建筑结构和形象，为宋代对于建筑的研究工作提供了宝贵的物证：北宋皇陵中现存的石刻，代表着当时建筑雕塑艺术的最高层次，在中国建筑艺术历史上具有一个极其重要的意义和地位，是研究中国古代石刻、书法美术、衣着美学、装修美学艺术及传统艺术等方面的一项宝贵资源。

（三）北宋皇陵的社会地位

1. 北宋皇陵是位于我国中华文明的起源与其发展的核心区域的北宋皇家陵墓群，因其独特的文化历史与价值已经成为巩义市文化资源的重要组成部分，足可以很好地发挥文物在历史上见证文明、弘扬优秀传统的独特作用，是对历史、文物、艺术等基础知识的宣传与教育工作场所，有利于增强和提升当地人民的中华民族文化自信和对文化的自豪感，并提高了公众对文物的保护意识与艺术欣赏的水平。

2. 北宋时期皇陵以及其全部整体环境得到了合理的利用和充分开放，将会对当地的文化、经济发展以及自然资源的生态健康保护等产生积极的推动和促进。

三、文化价值

作为全国重点文保单位的北宋皇陵，不仅是巩义地区珍贵的文化遗迹，也是重要的历史文化资源，这是由北宋皇陵的独特价值所决定的，而这些价值主要着重于历史文化的内涵，其意义及影响远高于陵墓建筑本体的意义。

北宋皇陵反映了北宋皇帝统治时期的各种社会风尚与丧葬习惯，是其物质文化的兴衰变迁的一个重要表现。

宋朝被世界普遍认为是迄今中国古代历史上对于推动人类文明发展做出贡献最大的一段鼎盛时期，历史学家陈寅恪先生则这样认为"华夏民族之文化，历数千载之演进，造极于赵宋之世。"北宋国家皇陵陵寝选址在今天的河南郑

图 3-12　北宋永昭陵鸟瞰图

州巩义市，是目前为止我国现存的一座建筑规模巨大、制度体系齐全的宋代皇陵陵寝，以其神秘的堪舆陵墓选址、庞大的宋代陵园建筑布局、精美的宋代雕塑雕刻艺术等建筑艺术形式成为皇家陵园文化建设的重要典范，也是北宋近 200 年时间历史的一个重要缩影，具有非常高的艺术历史纪念意义和科学考古研究价值。它们主要是古代时期中国各族劳动人民辛苦奋斗和聪明才干的一种必然文化结晶，反映了当时古代中国的科学技术发展水准，社会经济发展总体状况和科学技术制造工艺水平，代表了当时古代中国社会的各种文化政治、思想道德价值观念和社会审美价值取向。北宋皇陵对研究中国古代陵寝制度，尤其是宋代陵寝制度有着极其重要的价值。

（一）北宋皇陵具有的文化价值特殊性

北宋皇陵代表了中国丧葬传统礼仪制度中的一个最高等级，是古代社会中规范丧葬礼仪和制定纪律法规制度的十分重要的一部分。

宋代是华夏民族文化的造极之世，北宋皇陵作为北宋皇家陵墓群，是反映北宋皇家统治思想与社会文化特质、国家仪轨、皇室规制的代表性建筑类型之一。古代的帝王陵被认为是"传统文化"的一个重要载体，北宋时期的皇陵被广泛认为是历代帝陵中极具代表性的一部分，其选址位置、整体格局、地面建筑遗迹、墓室建筑及装饰、石刻造像、出土陪葬品等遗存，作为北宋时期具有国家级水平的建筑和工艺遗存，展现出明显的宋代文化、技术、艺术特征，为宋代社会文化、经济、技术发展状况，尤其是皇家丧葬制度、祭祀制度、建造制度等方面的研究提供了重要物证。

（二）北宋皇陵具有独特的教育价值

人们通过对北宋皇陵认知，增加民族的自豪感。对于广大的旅游者、文化爱好者和中小学生而言，通过认知北宋皇陵，即从其营造规划、建筑格局、风俗习惯、优良传统文化底蕴和艺术渊源中，不仅能够看到北宋社会稳定、政治清明、经济繁荣的长久历史阶段与北宋皇陵的规模、品位和质量的密切关联因素，还能够通过北宋皇陵所具有体现出的"侍死如侍生""孝莫重乎丧"等都是对中国古代传统思想观念的认识，增加其民族自豪感，提高国民的文化品格素养、传播民族精神文明、普及科学知识，进而实现爱国主义思想教育和科普教育的双重意义和目的，透过北宋皇陵中所折射出的儒释道三教相互融合对于后世的影响深远，具有独特的教育价值。

（三）北宋皇陵具有独特的艺术价值

北宋皇陵神道石刻代表了我国石刻雕塑史上一个重要的发展阶段。北宋皇陵是北宋王朝留存在世、为数不多的展示了当时社会、经济、艺术的珍贵文化遗迹，是辉煌的唐宋文化的直接体现，代表着一种独特的文化和艺术成就，不仅被认为是创造性的艺术家天才杰作，还是对大宋文化以及其典章制度的一次特别见证。北宋以来的皇陵各类雕塑石刻共计1027件，它们是目前我国境内现存最完整的古代皇陵雕塑造像集合群之一，它继承了唐及五代的艺术风格，具有独特的艺术韵味，全面体现了当时的雕刻艺术水平，尤其是在写实性上较前朝有很大发展，代表了我国石刻雕塑史上的一个重要阶段。

（四）北宋皇陵具有独特的旅游价值

北宋时期皇陵的建造和选址十分讲究，多要求以高山为屏，大河为带，所谓"堪舆之术"，讲究的是望气和风水，即在一个有山且有水，山清水秀，景色宜人、风景如画的地方设陵，在陵墓内，森木苍苍、松柏参天，蹊径曲折蜿蜒、流水潺潺，有着秀美的风景。帝陵中奢侈的地上建筑物和宏伟的地下宫殿，无不吸引着国内外众多游人前往。在"保护为主，合理利用"的原则指导下，基于北宋皇陵坚实的历史、文化基础，其作为一种旅游资源集群进行旅游开发，可以实现从传统文化资源的优势向经济优势、传统文化遗产资源向遗产文化资本的转变，北宋皇陵历史文化集群不仅能够推进巩义市旅游业的发展和城市规划的建设，还能够为中原崛起打下坚实的国民经济根基，具有很大的现实意义。

（五）北宋皇陵具有独特的建筑价值

北宋皇陵是北宋丧葬文化的最高表现形式与建筑范例。封建社会本身就是森严的贵族等级制度社会，皇帝陵文化的内涵和核心就是围绕着皇帝为主要中心而发展开来的，北宋时期皇陵的整体设计和布置方式与其建筑风格都充分体现了这一理念，它是北宋时期丧葬文化的最高表现形式与建筑范例。陵园的整体建筑设计布局形制是仿照古代京城东京（又称开封）建筑工程的地宫整体陵园建筑设计布局，据我国历史学家的大量文献资料记录，地宫陵园建筑工程中的仪仗礼仪也是非常具有严谨性的规定，它们主要反映了按照出门列刀戟步兵制度、仪仗军队出行的马车制度、六尚书的制度等等。北宋历代皇陵在陵园管理建筑上则是采用"前朝后寝"的陵园建筑管理制度，模仿了北宋帝王生前朝廷会议理政、宫寝以后日常生活的中国传统陵园建筑管理方式，追求"虽死犹生"的精神意愿，皇陵台前的一尊供奉神道的雕像石刻，则可说是直接象征着北宋历代皇帝对于朝廷的最高权力威仪和对君臣的严格管理而得朝政的一种情境，客使的设立则直接象征着大宋历朝皇帝的怀远之心道德和各国外交使节的虔诚供奉朝拜，下宫中寝殿的建筑位置则是直接反映了北宋帝王在阴间入后宫的生活。

第四章　数字化背景下北宋皇陵文化遗迹数字化重构的基本思路和策略

一、北宋皇陵文化遗迹数字化重构的基本思路

围绕新时代北宋皇陵数字化重构的战略转型目标，以体现北宋皇陵文化特色的社会服务功能为核心，以提供文脉传承、文化推广、对外交流为重点，以打造专业知识服务平台和文化创意服务为突破，全面提升北宋皇陵在数字时代背景下的社会服务水平，从根本上保护好、传承好、利用好这一珍贵的文化遗产，进而达到其真正社会价值与经济效益的实现。以下就其目标定位做出基本思路分析：

（一）文脉传承

文脉传承是文化遗产社会服务功能中最基本的内容。文化遗产是指一个民族、国家或者某一个特定的群体在其历史进步和发展的过程中所积累和创造的一切必然性物质财富和精神财富，这种物质财富世世代代地流淌，构成了该民族、国家或者某一群体与其他人类民族、国家或者某一个群体不同而又独立地区别于自己的重要文化特点。作为具有历史、艺术和科学价值的人类创造遗迹和文化表现形式，文化遗产不仅有传承历史文化脉络的物质性，还具有在物质和精神层面的连贯性和统一性等特点，其服务的对象涵盖了整个社会，包括各不同年龄层次、教育水平、职业背景的社会公众，这样就使得

凝聚着传统文化精华的文化遗产被人们视为传承历史文脉、弘扬民族精神、加强文化教育的不可替代的珍贵资源。

众所周知，文化遗产主要包括非物质历史文化遗产和物质历史文化遗产两个大类，物质历史文化遗产就是以各种不同物质形态为主要内容表现的历史文化遗产，通常主要有古文化时代遗址、历史悠久的古代建筑、纪念建筑、艺术品、手工艺品、图书、手稿、日常生活中所必备的用品等二十多种形式，如北宋时期皇陵的石刻等，都在物质历史文化遗产这类型范围之内。而非物质历史文化遗产即为具有非物质文化形态的一类历史文化遗产，表现为艺术、工艺、民俗、知识等思想和精神层面的遗产。物质和非物质文化遗产的区分不是绝对的，而是相互依存、互为表里的。物质文化遗产中的各种历史文物虽是属于国家物化的历史文化成果，但任何一种历史文物均具有其特殊的文化内涵，都是某种精神、思想、技艺、知识的映射与固化；非物质文化遗产虽然通常是通过精神、科学技术、知识这些抽象的形式存在，但是任何一种抽象的形式都需要借助于一定物质方面的载体才能够呈现出来。

以北宋皇陵陵墓群遗产本体为代表，它既属于文物建筑的范畴，但它又是我国历史上皇家陵墓营造的代表性范例，体现的不仅是历史文化价值，还是宋代丧葬思想和理念的体现。因此，在固化的文物建筑背后，必然蕴含着深刻的文化遗产内涵。但不论说它是世界级的非物质历史文化遗产，还是物质历史文化遗产，都是更应该被真正认为到它是对人类历史的宝贵见证，都是更应该被真正认为到它是展现全世界各族人民聪明才智的宝贵精神结晶，都是民族精神的体现。通过对以北宋皇陵为代表的文化遗产的保护、传承和合理利用，可以帮助人们树立正确的世界观、人生观、价值观；提高人民群众的科学文化素质，丰富人民群众的精神文化生活，使人民群众的文化权益得到更好的保障；增强地区群体的凝聚力，推动经济发展，实现社会效益和经济效益的双丰收。

尤其是在当下数字化技术迅猛发展的背景下，以博物馆（院）、纪念馆（舍）、美术（艺术）馆、文化馆、科技馆、陈列馆等专有名称开展活动的单位形式作为文化载体，对文化遗产资源进行数字化重构已经成为主流趋势，文化遗产不再是以传统意义上简单的研究、教育、欣赏、收藏、保护、展示等功能为主要目的，而是转向了以为公众提供开放的、丰富多样的、非营利性的、永久性的社会服务为主旨，以传承文脉为最基本的内容，以辅助教育、休闲娱乐、知识服务等为一体而进行的一项综合性的社会活动。在"一切都在数字化"的境遇下，北宋皇陵作为巩义地区珍贵的活态文化遗产，百余年来不断发展更新，至今仍在文化、教育和交流等多个方面发挥着巨大的作用，因此利用先进的数字信息技术传承北宋皇陵历史文化脉络，毫无疑问仍是其社会服务功能的核心和本质。

（二）文化推广

文化推广是文化遗产社会服务功能中的重要内容。文化遗产在我国文化自信建设中一直发挥着巨大的作用，它在传播中国形象、讲好中国故事中扮演着十分关键的角色。相较于一般博物馆（院）、纪念馆（舍）、美术（艺术）馆、文化馆、科技馆、陈列馆而言，北宋皇陵自成一体，是体系化的北宋皇陵文化遗产的全面体现，尤其是在弘扬两宋文化精神、彰显皇陵文化特色等方面，具有独特的文化魅力和鲜明的文化标志识别。即使是在数字和互联网时代，对北宋皇陵进行数字化、互联网化的文化推广仍是其社会服务功能中的重要内容。

（三）对外交流

对外交流是文化遗产社会服务功能中的重点内容。文化遗产既是不同的时代，又是不同的文明发展交汇处，又是国内外合作，国际交流的重要交汇处。在文化"走出去"工程建设的重要背景下，文化遗产保护领域的对外交流与合作正在不断加强，许多地区的文化遗产已经发展成为世界各地进行文明交流与互鉴的一张耀眼名片。

如在世界运河城市的发展与交流史上拥有里程碑意义的世界运河城市论坛，这个论坛起源于 2007 年首次召开的世界运河城市博览会，已经有 14 年历程。在国家部委的大力政策支持和在与国际国内主要各大运河城市的广泛沟通及交流合作下，这一国际运河城市交流论坛顺利地成功见证了中国大运河从申请文化遗产到入围中选，大运河沿线 35 座主要运河城市大力联合推进了中国运河历史文化遗产振兴保护，实施了江淮运河文化带与生态大运河走廊等一大批城市建设生态保护重点工程，达成了关于中国各大运河历史文化遗产保护和申遗的"扬州共识"；它也见证了中国运河沿线各个主要城市如何有效加强了经济对话与文化交流上的合作，谋求共同的经济发展，35 座主要城市的社会经济总量比同期增长了 1.7 倍，财政收入比同期增长 2.7 倍，既为国家的特色社会主义经济持续发展以及事业进步做出了重要的积极贡献，也成功使一亿七千万运河地区生活的人民都拥有了现实的社会经济获得感；同时它也走出了整个中国、面向世界，携手当今世界各大运河交流城市一起成功发布《世界运河城市可持续发展扬州宣言》，运河交流城市论坛已被受邀参与的 10 个国家从 10 个城市扩大发展到 30 个，开启了当今世界各大运河城市环境资源保护、传承和综合利用的崭新历史篇章。2018 年，该项目国际性专题论坛紧紧围绕课题研究的核心主题"世界运河城市文化保护、传承与利用"，展开了广泛讨论，旨在通过论坛汇集对当前全球各大运河文化事业提供政策措施支持的广泛力量和世界声音，展示了大运河中心城市景区统筹文化保护、传承与综合利用的"中国行动"，分享了中国大运河历史文化带景区建设工作走在世界前列的"江苏实践、扬州案例"，交流了当前全球各大运河中心城市文化建设与保护发展的成功经验，推动世界运河作为世界遗产的持续保护，促进了世界运河各个中心城市的历史文化对于共同融入人类社会而共同发展的"全球合作"等。毋庸置疑，任何文化都是在不断的交流过程中实现演变和发展的，没有哪个文化可以孤立地、封闭地实现自我进化，只有进一步增加对外文化交流，才能使不同文化之间互相影响、互相渗透，才能不断借鉴、吸收、融合外来文化，这样才可以不断促进自身文化发展，进而取得长远进步。

互联网具有独特的历史文化和传统优势，这一时代的发展必然呈现出其独特的文化和技术优势，而且不受制于任何位置和空间的限制，且具备即时性的传播特点，它是当下时空背景下推广传播文化极为重要的路径，传统的文化推广和交流模式往往依赖于某一场展览或表演的形式，只能起到散点的效应，而互联网却具这个网络面的优势。通过互联网的媒介方式对外展示、传播、交流北宋皇陵文化，将成为文化遗产社会服务功能中的重要组成部分。

在这个数字时代的背景下，文化遗产需要为世界打开大门，与整个世界一起共享自己的资源，这样我们才能够吸引更多的国内外专家学者前来进行深入的研究和关注这一领域的文化，才能将传统文化遗产保护工作放在不同的文明互动和交流的大背景下深入探讨，更好地促进文化事业的发展和打造，从而实现"各美其美，美人之美，美美与共，天下大同"的理想境界。

（四）专业知识服务

专业知识服务是文化遗产社会服务功能中的拓展内容。在新信息时代背景下，以移动智能、Web2.0、互联网和大规模数字化为主要代表的新一代信息技术的引入和发展，彻底改变了传统信息教育方式，为大量的学习信息资源开发提供了丰富的载体和形式，其中包括各级不同类型的数字化信息资料库、专题网站、数字化图书馆、数字博物馆、手机 App 等，人们通过检索相关信息，可以轻松获取大量有效内容。与此同时，人类也已经开始迎来了另一个信息量巨大、网络化的新信息时代，所有的人都即将要面对信息过载的局势状况。随着我们人类知识结构半衰期的变化进程逐渐变得加快，过去多年积累的科学知识和理论实践都在逐渐走向过时，紧随其后的则会带来了一种普遍性的知识焦虑。也许这正如美国哈佛大学前任客座教授鲁登斯坦说："从来都没有一个时代，像今天这样我们需要不断地、随时随地、快速高效地进行学习。那种依靠在学校时学到的东西和知识便能够顺利地适应一切的时代，已经是一去不复返。"面对社会信息的快速过载与面对知识的焦虑，社会也由此开始逐步进入了一个让人终身学习的新知识时代。管理学研究领域的著名大师德鲁克将我们的知识在整个人类发展历史中所能够发挥起的重要主导作用，分为三个具有知识发展革命性的阶段：第一个知识发展革命阶段是将知识广泛化地运用于生产工具，把这个阶段叫作工业革命；第二个知识发展革命阶段，知识被广泛化地运用于劳动者的工作之中，并命名为生产力革命；第三个知识发展革命阶段，把所有的知识都广泛运用于知识自己本身，被称作管理革命；三次知识革命的最终后果，也就是说人类通过使用一个多世纪所有的创造生产出来的综合财富，它是此前18个多世纪的人类综合财富总和。可以说未来的竞争将是学习能力的竞争，知识所发挥的价值将达到最大化，因而，提供给社会公众专业的知识服务已经成为未来文化遗产社会服务功能的一个拓展方面。

知识服务主要指的是从各种显性和隐性的信息知识服务资源中，按照用户个体和企业社会用户需求进行有效和针对性地提炼出一些相关信息知识和专业信息的服务内容，搭建一个相关信息知识服务网络，为了使企业和社会用户在实际业务使用中提出一些相关的知识问题，而进行设计并对提出的问题予以一些相关的信息知识服务内容，或者为其提供一些相关的问题解决办法等等是信息知识服务的全面操作过程。文化遗产从其发展历史科学的理论研究实践角度分析出发，是具有基础性的历史证据和具有路径性的线索；从技术应用研究实践角度分析出发，其诸多已经发展形成的制造工艺又仍然具备着诸多现实意义上的技术应用价值，围绕着传统文化遗产所创造而产生的科学知识和信息技术成果，可以被转化成一种新的客观认识，即对传统文化遗产本身的认识。提供专业的相关文化遗产的知识服务，既可以作为一项公众服务，满足人们对文化遗产资源相关知识信息的各种需求；又可以作为教育功能的有益补充，被学生所了解和学习。以北宋时期皇陵为例，把与之密切相关的历史书籍、典藏、百科等信息资源对其进行系统性的梳理和更加深度的挖掘，形成一个具有丰富历史意义的文化知识内容脉络、节点、载体与体系，为人们建立文化遗产的知识服务平台并提供个性化知识服务；还可以通过构建北宋皇陵数字化数据库资源平台，为公众提供专业知识服务，包括数字化的图片资源和视频资源等（如教学视频、培训视频、讲座视频），推进知识服务"共建共享"，以及人与知识网络的"共享共生"，这无疑是文化遗产资源未来数字化发展的一个重点方向。

（五）文化创意

文化艺术创意产业服务功能系统是文化遗产社会服务系统职能结构中的一种文化创新服务内容。文化创意艺术产业主要含义指的是在当今世界知识经济、全球化的大经济背景下逐步快速发展而逐渐形成的一种能够促进创新与激励个人发展创造力的能力、强调的是文化创意艺术在社会经济发展中的重要支撑与有效推动。1988 年英国将实施文化创意艺术产业综合发展计划，作为一种发达国家的新兴产业政策和经济发展行动战略，一并首次正式明确提出，目前发达国家的文化产业已发展成为其主要支柱产业，文化创意艺术产业的经济增长值已远远超过了其国家 GDP 总体增长值的 5%，例如目前美国的影视产业与传播产业、日本的动漫产业、韩国的网络产业、德国的新闻出版业、英国的声音艺术产业等。以文化产业化的形式深入促进文化的迅速健康发展，是文化发展的必然要求，也是世界各国的普遍做法。随着产业移动化和互联网时代信息网络技术在新时代的不断推进与快速发展，以及当前正是中国适应社会主义市场经济新发展常态的一次重大产业转型与整合发展，文化艺术创意相关产业也正在积极迎合这个适应时代社会变化与经济发展的重大趋势，逐渐地稳步走向"互联网化""IP 化"，越来越多的机构也已经逐渐开始高度重视对中国文化艺术创意相关产业的深入研究和整合发展，争先对其领域进行了产业布局与整合发展。在当前经济增速下行的巨大环境压力下，文化创意艺术产业正以自身独特的市场发展空间优势，成为拉动中国国民经济的一个新经济增长点。"十三五"发展战略规划中的建议再一次明确提出，到 2020 年，我国的传统文化产业将有机会发展成为建设社会主义振兴国民经济的重要文化产业技术支撑，可见我们的传统文化创意艺术正在我们这里继续迎来最好的产业发展的大机遇和新时代。

文化遗产已经成为重要生产因子乃至核心竞争力，对于经济发展也起着越来越重要的推动作用。文化遗产对于国民经济和社会发展的推动作用主要体现在两个基本方面：一是通过文化遗产事业自身的多种经济收入来源得到实现，如保护文化旅游事业能够对经济社会形成综合的互惠效应，带动其他相关领域产业的繁荣与发展；二是通过将文化遗产提供的文化创意服务间接性经济利益贡献加以实现，这也是将文化遗产直接融入现代社会与大众生活之中的一个非常重要的途径。在推广文化创意与保护文化遗产优秀资源整合的基础上，对文化遗产进行创意性利用，已经成为当下文化遗产活态传承的有效方式。

文化创意产业主要是以各种文化元素的创意与创新为主要技术基础，经过现代科学技术的改良与加工而逐渐形成的一种创意与文化相互巧妙结合的产品，通过对文化元素进行创造性的创作、复制以及再现性的重组与生产和加工等多种不同的手段对文化元素进行综合利用，使得文化产品在市场上得以出售，同时也使其获得了自己的知识产权及专利，使得人们在提供高品质的生活服务与多层次满足需要的同时，并且促进了文化的高附加值可以实现新型产业。文化创意产业与其他传统文化产业相比，其最核心因素就是人类的创造力，即指导人们提升自己对于创新的感受和认知，对于创造性事物的认识和理解，以及对于创造新鲜事物的探索能力。科学技术的发展所催生出来的数字信息技术和互联网技术的发展和进步，以及体验经济方兴未艾，都在为新时期消费模式奠定了市场需求的基础，以文化遗产观念为主要核心的各类创意商品已经成为当今社会传播特色传统和文化的一项重要措施。

以北京故宫博物院文创产品的开发为例，基于艺术的深度挖掘丰富的明清两朝王室皇家文化元素，将故宫的建筑、文物、历史故事等，用一种符合当代人们视角的某种通俗、时尚的语言呈现出来，研发生产出一批批的具有故宫文化内涵、鲜明的时代特征、贴近观众实际需要、深受广大消费者青睐的故宫艺术元素文化类产品，并已取得了明显的进步和成效，风格多变的文化类产品也受到了不同年龄阶段广大观众的青睐。根据统计，截至 2017 年，故宫博物院共设计并研发出超过一万种的文创艺术产品，每年销售总收入超过15 亿元。这种对故宫博物院藏的文物资源进行整合开发的具有文化创意性的产品，既突破了地理条件的阻隔满足了普通观众追寻和接近世界遗产的愿望，又彻底颠覆了我国传统文化"高高在上"的形象，将深厚的文化艺术内涵紧紧地包裹在实用性的产品之中，走向广阔大众，成为一个打通了时空的阻隔、传播优秀文化的重要典型案例，充分发挥了文化的引领作用风尚、以教育广大人民、以服务社会、促进发展为主要功能。

二、北宋皇陵文化遗迹数字化重构的战略重点

（一）充分挖掘文化价值，积极推动文脉传承服务

北宋皇陵的文化价值是需要借助于人们的参与之后才能充分体现和挖掘出来，主要目的就是在保护基础上对其进行合理的利用，而其所谓历史文化资源保护目的就是保存和传承，将其经过数字化的复原和数字再现等科学技术手段后，制作为一种数字化的虚拟信息资源，可以提供给人们学习、交流和自主创新。例如，采用数字动漫技术，通过各种图片、声音和视频等丰富多彩的表演形式，复原、再现各种历史文化的现象、场景、事件或者发展过程；利用虚拟现实的技术来设计和生成一个真实情境感的历史人物、动作、情境等；通过网络技术将相关历史文化资源数据整合上传至信息服务平台，实现历史文化资源广泛的交流和传承，并从教育、科研等多方面实现利用，同时助推其相关文化产业的发展，因此，充分挖掘北宋皇陵文化价值对于增强北宋皇陵的教育功能、科研功能、公益性经济功能具有十分重要的意义。

图 4-1　观众走入复原研究"第一现场"

　　基于北宋皇陵的文化脉络梳理的历史资源，包括对北宋皇陵的相关物质文化遗产和非物质文化遗产等内容进行了调查和研究整理，从历史文化脉络的梳理和对文化价值的提炼入手，开展了历史资源梳理的研究思路和方法：首先是通过对北宋皇陵的地理环境条件以及北宋皇陵的历史演变进程等内容进行了分析，梳理得出北宋皇陵主要文化特色脉络，在研究北宋皇陵的历史脉络基础上，总结并提炼出了北宋时期皇陵的艺术文化价值；其次就文化的脉络、文化价值及其在时空上所呈现出来的历史信息资源等问题进行了概述；最后按照传统文化的价值高度集中体现、传统文化资源高度集中分配的原则，确定北宋皇陵精华内容及现实意义；从而形成历史文化资源的整体构架，为未来资源的利用奠定坚实基础。

　　按照以往较为传统的文化遗产保护模式，北宋时期皇陵的主要历史和文化资源一般都是陈藏在博物馆、展览馆、纪念馆中，以文字记录、摄影录像、物品收藏等传统的方法进行利用，这样虽然保存了大批珍贵的历史文化资源，但是却并未赋予其活态发展的动力，很容易使文化走向默默无闻的结局。数字技术在历史遗产保护中的广泛应用，不但使其具有了较为完善的展览功能，

图 4-2　位于安徽铜陵的中国首家数字铜博物馆（铜陵文明网）

使其更好地收集、搜索、记录有关信息，而且也使其具有了传统的保护形式所无法达到的展览要求和保真性。

在数字化时代，北宋皇陵通过数字化多媒体手段，有了更多的呈现形式，也让文化遗产的传承与保护更加立体和多元，如越来越多的"体验型数字博物馆"的应用。"数字化"讲好北宋皇陵的历史故事，要让观众通过可触、可感、可听的一些手段，重新感受北宋皇陵厚重文化，使北宋皇陵能够"活"在当下，走向未来。如戴上一款 VR 眼镜，出现在眼前的是北宋皇陵建造的历史过程，观众还可以参与其中，通过操控手柄来体验在北宋皇陵游历的感觉。同时，还能够充分结合宋文化抚琴、弈棋、烹茶、绘画的特色，建立一个体感式的体验项目，让使用者在一个虚拟的情境中，感受到一种接近于真实效果的视觉、听觉及触觉的运动体验，提供丰富和便捷的语音、触屏和移动手势操作控制等多种人机交互的体验，感受宋代文化的沁润，体验数字化传承创新。

（二）优化整合文化资源，着力构建文化推广服务

优化北宋皇陵的文化内涵，使北宋皇陵文化与文化推广更好地融合，提升文化服务品质内涵，要在数字技术运用、产业组合、精品项目、主题活动、推广交流等领域不断进行探索，注重北宋皇陵文化整体打造和文化内涵的挖掘。通过引进新的数字化技术，整合北宋皇陵文化资源，调整文化服务结构，注重文化特色氛围的布置，融入全新的传播理念和运营模式，将文旅融合和商业休闲有机融合，使北宋皇陵的业态发展更加丰富成熟。在原有价值基础上，新增了数字性、创意性、服务性强的项目及产品，不断扩展北宋皇陵历史文化的辐射能力、传播能力和影响能力，使其成为巩义地区的文化地标。只有这样，通过对北宋皇陵的建筑和文化进行优化，才能够在最大程度上充分发挥其文化的功能和效益，使北宋皇陵文化能够持续、快速、健康地发展，更好地满足公众的文化需要。

整合北宋皇陵的多元文化遗产内涵，特别是其历史文化内涵，可以突出其文化品位和个性，从而丰富特色精品数字文化内涵。针对北宋皇陵现状，从不同类型的多文化视角出发，构建文化推广服务，要立足实际，以实施数字化重构为基点，适当地借鉴当下成功的经验，梳理好文化脉络，通过运营机制改革对其进行保护、传承、利用、开发及推广，形成一套适宜的操作模式，形成"以文养文、以文兴文"的良性循环，进而实现社会效益和经济效益的统一。

（三）大力提升对外交流层次，增强对外交往服务功能

随着移动互联网信息技术的不断推广和发展，人类对于文化的交流已经步入到了新媒体的时代，不但在历史和空间上缩短了与文化之间的交流距离，而且也改变了与文化之间的交流与传播。在新时代背景下通过互联网进行信息交流与文化传播，已经成为北宋皇陵未来的主要趋势。文化本身就是一个沟通社会中的人们心灵、精神、与情感之间的桥梁，提高对外交流的层次和质量，要继续挖掘北宋皇陵的文化内涵，增强对外交往服务功能。

实际上，我们对于文化沟通的认识和了解也不能只停留在文化表演、文化博物馆展示、文化旅游中。举办围绕北宋皇陵文化的相关活动，固然可以增加文化交流的机会，但实质上还应追求深层次的文化思想、文化思维以及构建独具特色的精神层面的对外交流。使北宋皇陵文化不但必须"走出去"，还要"走进去"，积极推动多种文明相继交流与互鉴，从文化的综合竞争能力、社会影响力及对人类价值观的引领能力等各个方面入手加以把握，全面提高北宋皇陵文化"走出去"的实际性和效果。

当地政府在推动文化交流活动方面，应该开展一批重点文化交流活动，尽可能广泛地覆盖更多人群，打造一个文化交流的标志性品牌。在对外文化的传播上，设立具有宋代文化特色的文化传播中心，带动宋代美学的传播。从而促进对外的文化交流、国际文化传播等领域之间的良性交流与互动。抓住

时机将宋代元素的文化创意产品在互动中推广，进而实现在取得良好经济效益的同时有效传播中国传统文化的目标。

（四）全面建成数据库平台，精心运营专业知识服务

资源共享已经成为信息化时代进步的一个必然需求，数字化将有利于实现历史、文化等资源的广泛共享。以推进知识产权战略、创新驱动战略实施方式为理念指导，以加快推动数字技术和传统文化遗产深度融合发展为战略目标，以加快打造"专业化知识服务"的新型文化遗产知识服务运营公共平台为其建设宗旨，助推形成以传统文化知识应用为服务主线的公共服务和专业化服务的生态环境，提升知识资源对传统文化产业的运行决策和产业发展格局的推动作用，构建一个开放、多元、合作共生的基于知识和运营服务的技术创新型生态体系。

具体而言，北宋皇陵及其他相关历史文化资源，一方面，能够采用数字化的方式利用电子、网络、游戏、智能手机等媒体，实现其速度极快且费用比较低的数字化，使其作为历史文化资源的产品迅速、广泛地向社会宣扬。另一方面，基于数字传播媒体系统的共享平台搭建了北宋皇陵数字信息知识服务平台，将多种媒体形式的中华民族历史文化资源和信息相融入一起，借助于无线网络、有线电视以及各种类型的数字网络对其进行广泛的传播。这样使得用户能够随时随地共享文化资料，打破了时空的限制，实现其文化资源最大程度的利用。这一类型的服务平台就是专门开展各类知识资源服务的一个重要基础性平台，利用这一类型的支撑性服务再创造性地建立一个专业的知识资源库，形成一个涵盖不同应用领域的结构科学、层次清晰、涵盖全面、高度相互关联、内容正确的分布式知识库群，从而为今后更好地实现对宋代文化的有序及国际化的传播打下坚实的资源保障基础。

（五）推进文化产业新旧交替，进一步培育文化创意服务

数字化技术打破了文化的保护和资源开发的长期矛盾，在不损害文化遗产内涵和原貌的前提下，进行大力挖掘开发其具有的文化价值和社会经济价值。对于文献信息资料、口述史等文化资源，利用这种数字化的技术，不但有利于其保存和传承，也有利于逼真、立体性的资源开发，形成了文学电影、动漫游戏等多种形式的文化产业链，推动我国文化创意产业的发展。同时，通过先进的数字化技术将历史文化资源积极进行创意和产业的开发，转变成文化创意的生产能力，不仅使企业能够形成某种或者较高规模的社会经济效益，还能够反向调动起人们继承和发展历史文化资源的积极性。

树立文化遗产的投入产出意识，积极引导文化产业转型。市场经济环境下的历史文化遗产不只是珍贵、极具价值的传统文化，还是稀缺、难以复制的经济资源。因此，应牢固树立对文化遗产的投入和产出意识，在有效地保护和传承文化的基本前提下，充分利用文化遗产的社会经济价值功能，并将其发挥社会文化产业建设和发展的主体性功能作为重中之重，顺应社会主义市场经济的规律和社会文化产业建设和发展规律，充分发挥它们在改善民生、提升社会文化消费、促进就业等方面的功能。

对于北宋皇陵而言，还可以吸引社会力量积极参与，发展具有优势的创意产业。管理单位要积极地发挥其主导性作用，加强引导，制定优惠扶持政策，进行有效的管理。同时，要支持和激发各类社会力量的积极性，吸引各类社会资本的投入，发挥各类文化产业专家人士的作用，积极组织开展对文化遗产的宣传、陈列、教育、传播、研究、出版等各项活动，推动对文化遗产数字化的开发和保护协同发展；延伸皇陵文化产业价值链，促进宋陵文化与其他相关领域产业的深度融合，带来新的经济增长点。

三、北宋皇陵文化遗迹数字化重构的实现途径

目前，北宋皇陵园区在社会服务方面具备基本的服务功能，但随着科技的进步以及数字技术在日常生活中的不断渗透，客观上要求北宋皇陵园区要在原有基础上进行系统全面的数字化重构，更好地满足为公众提供更加丰富、多元的社会服务的需求。从当前国内文化遗产数字化重构的现状来看，北宋皇陵应从服务理念、运作机制、服务内容、服务模式、服务质量、服务业态和品牌建设等方面着手，进行适宜合理的文化遗产数字化建构，为使其社会服务持续升级和优化，提高社会服务功能，具体可考虑从以下几个方面努力：

（一）创新服务理念和运作机制

构建良好的文化遗产社会服务功能，需要创新服务理念和运作机制的引导和规范。北宋皇陵是公众参与文化活动的重要平台，社会公众的不断参与是文化遗产资源实际价值充分发挥的重要前提。在文化旅游融合的背景下，北宋皇陵应注重以公众为导向，创新服务理念和运作机制，打造具有时代感的多元化的文化遗产平台，为公众提供丰富的精神文化大餐，创造一个更加舒适的人文氛围。

为适应数字化背景下文化遗产发展的新常态，要把落实和完善文化遗产数字化服务的理念摆到更加重要的位置，充分认识到数字化重构的必要性和紧迫性，建立数字化服务办法，加大对社会效益突出的数字化项目的扶持力度，持续推动服务运作机制的及时更新。要加快完善和实施有利于文化遗产资源整合和重组、数字内容创新、数字文化交流等措施，鼓励社会公众以多种方式融入文化遗产数字化重构中，激活文化创意产品的发展，统筹研究有利于文化遗产内容推广和项目推进的策略，完善加强知识产权保护、体现文化创新权益的措施，更加规范化地引导文化遗产数字化的发展。

建设文化遗产数字服务体系，一方面要从文化遗产基本的研究、展示、保

护等多方面蓄力，还要从挖掘文化遗产的各项文化内涵着手，为文化遗产注入时代活力，提高文化遗产数字化运作管理水平，为文化遗产社会服务功能在数字时代的发展提供更多保障；另一方面，应高度重视文化旅游事业的发展，注重将北宋皇陵文化、中原文化等融入旅游产业中，倡导文化和生活的融合，这样才能更好地推进其社会服务功能的完善，走以数字化带动文化遗产服务驱动发展之路，走以社会效益带动经济效益的发展之路。

（二）拓展服务内容的新颖性和开创性

新颖性和开创性的服务内容，是数字时代文化遗产社会服务的核心竞争力。内容是文化产业发展的源泉。提升文化遗产的社会服务水平，势必要依托不断创新升级的文化服务内容来提高文化遗产的服务质量。近年来，随着居民生活水平的不断提高，文化消费需求逐年上升，对于北宋皇陵的转型发展而言，无疑带来了新的机遇和挑战：一是要适应新时期社会发展需要，加强文化遗产的数字化建设，不断推陈出新，打造数字化、多样化、多元化的文化服务，满足人们高品质的文化需求；二是要着重开拓社会服务功能的范畴，提供更宽广领域的新颖性和开创性的服务，从推动以图书报刊、电子音像、展览娱乐、视频影视、动漫游戏等为代表的传统媒介文化资源的数字化转型开始，建设以互联网为载体的新兴文化数字化数据库资源平台，积极发展资源平台共享、智能检索、个性化知识服务等数字服务，拓宽文化遗产数字产品及服务的传播渠道和服务空间。

对于我国传统意义上的博物馆（大楼）、纪念碑（院）、美术（艺术）馆、文化（科学）馆、技术（工程）馆、展示室、陈列馆而言，除了提供基本的游览和参观经历之外，通常还额外设立咖茶室、游客体验中心、文创产品店等集娱乐和服务于一体的专门功能区。在新科技不断融入生活体验的今天，越来越多的文化遗产开始以新颖的数字技术服务方式作为开创性的服务内容。例如，2019 年在北京中国国家博物馆隆重举行的"心灵的畅想——凡·高艺术沉浸式体验"艺术展览，就是通过充分运用了艺术灯光、音乐、沉浸式全景影像、360度高度全景交互视频艺术图片和360度VR交互全景体验、投射全景影像等多种信息科学和艺术信息分析技术手段，高度还原了凡·高的200多幅绘画原作，重构凡·高的绘画艺术作品，并与广大参观者建立了深度互动，促使艺术参与者从一个主观的、全新的视野深入分析绘画艺术，并提供综合性服务体验的尝试。

在1500平方米的凡·高数字艺术体验展示厅里，囊括了凡·高生平作品序列展厅、沉浸式体验主厅、星空沉浸式体验大厅、花瓶沉浸投影厅、纪录片视频播放展示厅、凡·高独立艺术卧室动态还原展示厅、互动艺术绘画厅及体验展示厅、VR实用生活房间及体验展示厅、凡·高艺术作品衍生物体验商店及自动随拍音乐盒子等多个体验空间。

（三）优化服务模式和提高服务质量

服务功能的强弱决定于服务方式与效率，而那些具有新技术支撑或特色服务模式能够为民众带来更好体验的创新性服务方式，显然能够带来更多的机遇、更好的口碑、更高的知名度以及更广的辐射区域，从而有效放大文化遗产的社会服务功能。如传统的文化遗产社会服务功能主要采用展览展示等服务方式，这种方式具有其局限性，经常受到开放时间、服务设施等各种条件的限制和时空距离的限制。当观众想近距离接触文化遗产资源时，特别是当观众需要了解某些文化遗产信息和获取文化体验时，往往会受到阻隔和限制，以至于不能及时取得所需信息和资料。而在以数字化、便捷化、个性化、碎片化、多样化为特征的数字时代，则可以突破传统文化遗产社会服务模式上的各种约束，利用图、文、声、光、电来多方位立体式地重构文化遗产资源，为观众提供便捷的、即时的各项相关服务，而且不受任何时空限制，可以随时随地在网上迅速获取自己所需的知识信息和场景体验，这不仅在很大程度上满足了观众的文化需求，而且还提高了服务效率。

针对文化业态的新发展趋势，要加快进行对原有管理模式以及规章制度的改革，积极地采取灵活而又有弹性的机制来正确对待这种服务模式，切忌局限于旧规、旧标准而无所作为，丧失新型文化遗产业态发展的先机；对专业知识服务等领域的对外开放，不能简单照搬已有的成文，而应具有与时俱进的思维，进一步扩大北宋皇陵文化优质资源的开放服务程度，并适度允许与第三方服务机构合作，多层面推动文化遗产的服务模式和服务质量发展。

抓好数字化文化遗产社会服务功能这一中心环节，要从源头上把握好正确导向，要引导相关工作人员建立新时代文化遗产数字转型的思想意识，坚持以观众为中心的文化生产导向，深入实践、深入生活、深入公众，以互联网为平台，借助数字技术条件，充分利用各种媒体的服务功能，采取全方位沉浸式、全天候交互式的服务模式，将文化遗产的各项社会服务推向市场。同时还要认真钻研观众的具体要求，在充分满足观众需求的基础上，形成积极主动的思维，进一步扩大北宋皇陵文化优质资源的开放服务程度，提供一种能够很好地满足各类用户的全面个性化服务，提高服务质量和用户满意度。例如，可以通过加强园区传统文化资源的建设，将园区的雕塑、建筑等进行全面系统的整理和融合，把历史文献、图片、情境还原及其相关素材等数字化，并融入开放的国家级知识遗产信息服务平台，形成一种与信息资源的快速发展相匹配的高效、适宜的知识服务模型，使公众通过服务平台享受智能检索等服务，主动开展定向、定题、定人的各种咨询和交流服务，从而提高北宋皇陵在文化遗产知识服务方面的质量。

（四）扶植新型服务业态创新

新型文化遗产服务业是文化遗产社会服务功能的主要支撑，而当下新型文化遗产服务业的发展程度不高，受到体制障碍影响较大，从而在相当程度上制约了其发展速度和服务产品的有效输出。作为服务业创新试点，北宋皇陵可以从制度环境的优化特别是重点扶植一些项目上"先行先试"，通过适宜的策略调整与创新，突破新型文化遗产服务业发展的制度环境约束，进一步释放服务潜能，促进新型文化遗产服务朝专业化、多元化和高端化的方向发展，从而增强文化遗产的社会服务功能。

科技创新工作是推动我国文化事业发展的主导性引擎。当今世界，以现代数字技术、互联网信息技术等为主要代表的现代信息技术正在迅猛发展，既为我国文化产业的发展带来了强劲的动力，也为服务性产业的发展拓宽了领域。北宋皇陵要顺利地实施"创新＋驱动发展"的战略要求，深入贯彻落实"互联网＋"行动，积极运用新兴的数字技术，改造和提升围绕北宋皇陵历史文化遗产保护、陈列、展览、信息服务内容，大力开发基于数字、网络、3D、4D、高清、多媒体、虚拟陈列、激光显示等多种高新技术服务内容，加快培育发展文化创意、移动多媒体、动画游戏、知识类服务等新兴文化产品，推进服务结构的调整及服务方式的优化转变。同时，还要继续加快健全文化与科技融合发展机制，依托国家重点项目等，推进文化与科技融合发展落地，促进文化资源和科技创新要素的互动和衔接。

从服务功能演化趋势来看，园区未来应注意从以下几个方面推动新型服务业态的创新：一是集成服务模式。对同一服务品种或相互关联的服务内容，鼓励将上、中、下游各环节的服务进行打包，以集成方式统一组合成公众所需的服务包，提升社会服务便利度。二是要基于互联网的服务模式。我国在互联网或物联网领域与发达国家基本上是同步的，而基于这一没有平台技术支持的营销模式，使其创新产品可谓层出不穷，例如北京故宫在电商平台上长期开设的个人用品网店，使其销售的许多故宫文创生活产品迅速发展，一些产品甚至变成了"爆款"，如故宫国风胶带、"朕知道了"办公用品、"千里江山图"手表、"朕就是这样的汉子"折扇、艺想丹青书签、"雍正萌萌哒"系列作品等都让许多消费者争相购买，成为文青潮人们必须得到的潮流单品，而近年来伴随着宋代美学的兴起，宋代文化中的卓越要求本身具有爆品的潜力，互联网服务模式能够提供足够宽广的市场。三是要注重文化融入的服务模式。在很多服务当中尽量注入新的宋代文化元素，通过室内环境、服装、言语、器物等营造出宋代美学特征环境，以凸显服务特色，提高品牌识别度。

（五）打造服务品牌

以特色高效的服务模式为支撑的服务品牌，对提升文化遗产的社会服务功能具有重大作用。从实践经验来看，国外许多著名的文化遗产都具有社会服务功能领域的服务品牌优势，为这项文化遗产带来了持久的经济与社会效应，如英国的埃夫伯里遗址、意大利的赫库兰尼姆古城遗址、美国的伊利运河等。国内一些文化遗产也已经开始逐渐凸显自己服务的品牌，从近几年以来我国出现的"申遗热"作为切入点，我们可以清楚地看到，"申遗热"之所以会出现，原因之一是当我国的文化遗产被列入世界级文化遗产之后，其服务品牌和文化效应所带来的巨大社会经济效益，其在拉动内需、扩大就业、促进地区经济增长和健康发展方面起到了积极推动作用，广为人知的典型案例以丽江古城等一批历史文化名城为例。

打造北宋皇陵的文化遗产社会服务品牌，可以从以下几个方面入手：一是打造整体服务品牌。对北宋皇陵而言，就是要集中全力打造"北宋皇陵文化风韵与现代科技相融、调谐生活与增值生产并重"的"宋文化服务"，充分体现文化遗产整体服务品质和特色。力争在旅游、展览、休闲、教育等传统服务的基础上，不断拓展"宋文化服务"的内涵，如知识服务、咨询服务等，完善"宋文化服务"的标准，利用营销手段特别是北宋艺术生活等模式，宣传"宋文化服务"品牌。

二是策划推出服务集聚的项目品牌。以中国北京故宫博物院壁画为经典案例，其与腾讯动漫、Next Idea 共同合作打造的第一部故宫主题爱情漫画《故宫回声》，以"古画会唱歌"为主线，鼓励更多青年人和其他中国原创古画音乐歌剧艺术家共同为《清明上河图》《步辇图》《洛神赋图》等十幅千年以上古画创作优秀的音乐文化互动产品；以"皇帝很忙""门海""Q 版韩熙载"等萌趣表情包为主的 QQ 表情包；创新还原"清朝皇后冬朝服"和"十二美人

图 4-3　故宫数字文物库

图 4-4　故宫动漫之"故宫回声"

图"的中华民族传统服装的萌趣手游《奇迹暖暖》；还有高度还原故宫著名历史建筑和庭院景观的手游《天天爱消除》；"玩转故宫""数字故宫""故宫数字文物库"以及《千里江山图》名画项目等数字项目，不只是用技术模拟展现文物而已，而是全面打造一个历史文物博物馆信息平台。今后，北宋皇陵应利用大力推进文化遗产社会服务建设的契机，培育一批具有地区乃至全国知名度的精品服务。

第五章　北宋皇陵文化遗迹数字化保护方面的技术

一、数字文本资源的保护

数字化保护是指运用现代信息技术和数字化手段对文化遗产开展保护、仿真、复原、监测、管理等，以确保遗址或文物能够以数字化形态完整地、持久地展现、研究和利用。对北宋皇陵进行数字化保护，首先要明确其数字化工作的几个方面，如对数字文本资源、数字图像资源、数字音频资源、数字视频资源、数字三维资源等方面的保护进行分析，然后在此基础上有针对性地提出数字化保护的技术可能。

6000 年前，人类最早的文字——楔形文字在美索不达米亚、埃及、苏美尔和巴比伦等地被使用，学习文字和阅读文字早期一直是统治阶级和贵族的权利，即使后来平民百姓有了相对公平的受教育机会，认识文字仍是一件奢侈的事。15 世纪古登堡发明了活字印刷术，这种技术被普及后，文字的力量逐渐显现出来，成为传播和保存信息的最有效的方式。文字通过各种形式的组合，形成有一定篇幅的、有特殊用途的文本。文本是指由文字组成，有说明、解释、描述等意义的信息，不难理解，数字文本即为数字化的文本，是一种最常见、处理方式最廉价的数字资源，节省空间是数字文本的最大特点之一。

北宋皇陵虽然仅仅是皇家陵墓，但是相关文献资源非常丰富，既有大量历史资料，也有后来学者的研究成果，这些均构成北宋皇陵的数字化文本资源。

总而言之，北宋皇陵的数字化文本资源主要包括四个部分：第一，历史文献资料；第二，学者的相关研究成果；第三，北宋皇陵内的石碑石刻；第四，关于北宋皇陵的遗址发掘的工作报告。把上述文献转化成数字化文本，是对北宋皇陵进行数字化保护工作的重要内容。虽然从既有工作来看，已经有部分文献资料采集成数字文本资源，但仍然有大量文献需要转化成数字文本资源。就北宋皇陵的数字文本资源而言，由于大部分文献资源保存完好，因此，其主要问题不在于保护状况的好坏，而是数字文本资源采集工作的效率问题。

（一）数字化中的文本

数字化中的文本从其数字格式而言，在经历标准化的发展之后，已经变得十分成熟与稳定，各种语言都能以 ASCII、GB2312、GBK、Unicode 等文字编码标准来表现，而且由于文字的形式相对唯一和固定，文本的识别技术也相对容易，这使得数字文本的生成变得十分简单，既可以使用键盘、手写输入系统等直接输入文本，也可以用 OCR 技术对纸质文本进行数字化转换，而且

图 5-1　辽宁省数字化博物馆

根·魂——中华文明物语展　　　　风筝不断线——走进吴冠中的绘画世界

图 5-2　湖南省博物馆线上展览

关于数字文本的保存，也十分节省存储空间。由于数字文本文件容量小、格式固定等优点，使用它的传播力要比其他数字资源更强。例如，在互联网上打开一张高清晰的图片，其所耗费的时间可以同时下载几万字的数字文本；TXT、DOC、PDF 等格式的文本可以直接在网页上打开；Word、Adobe Reader 等成为每台计算机中率先被安装的软件。

数字文本的重要性还体现在它作为指示性或说明性的工具存在着，在数字化项目中假如没有文本，人们的工作无疑就变得十分困难，不论是说明性质的文本，还是指导性质的文件纲领。如在一个数字化博物馆的网站中，虽然人们更喜欢看直观的图像和视频这样的多媒体资源，但假如没有文本的辅助，这些表现形式的传播也会变得模棱两可，就像在看电影时必须要有对白、参观博物馆里的文物时会有相应的文字介绍一样。

（二）数字文本的特点

数字化后的文本具有数字化的文本存在形式和要素。数字文本常以两种形式存在，即位图化文本和矢量化文本。位图化文本是用扫描仪对书刊等进行扫描得到的图像中的文本，这类文本实质上是图像，文本的构成是由成千上万的像素聚合而成的。而矢量化文本是由数学方程形成的，可以被反复使用，并支持格式的使用。它是在 Word 等文本处理软件中输入的文本，是真正意义上的数字化文本形式。在使用看图软件放大这两种文本的时候，位图化文本随着放大的比例越来越大而变得模糊不清，如在 Photoshop 软件里把文本放大到原来的 1600% 时，看到的文本只是黑色、灰色与白色组成的小方块，这些小方块即是像素；而矢量化文本在 Adobe Illustrator 等软件里放大，文本的边缘依然清晰可见。

数字文本（矢量化文本）的形式化要素包括数字文本格式和段落格式，目前市场上有许多功能强大的排版软件对这些形式化要素有十分细致的编排，通过软件能够制作出各式各样的文本效果。除此之外，矢量化文本的另一特点在于其可以进行数字化搜索，这一特点为使用者提供了极大的便利，人们能在浩瀚的信息资料中快速找到想要的文本内容，基于互联网技术的迅猛发展，文本搜索为文化的传播起到了巨大的作用。

最后，矢量化文本文件占用的存储空间较小，以 TXT 文件保存文本为例，1 个英文字符即 1 个字节（byte）等于一个 8 位（bit）的数据，一个全角汉字等于 2 个字节，1024 个字节等于 1K，1024K 等于 1M，以此类推。当然，如此文本以设计软件或矢量化电子书的格式存放，那么除了文本容量外，格式与注释也会占用一定容量，因此同样内容的 DOCX 文件要比 TXT 文件大。位图化文本的优势在于可以原汁原叶地保存原文本的风貌，比如文字字体、书法、行书版式等，这对于古人亲笔写下的古籍或书法作品来说是非常重要的。但位图化文本文件远比矢量化文本大，真彩色位图中，一个像素就占用一个 24 位的字节，没有进行压缩的 TIFF 或 BMP 文件 1000 像素的位图文本可以达几兆到几十兆，这就给存储数字文件的机构带来了存储能力的压力，当下的网络带宽也并不适合打开大量几百兆的图像文件，因此位图化文本常常根据需要进行处理，比如压缩或降低分辨率等。总之，矢量化文本与位图化文本各有优劣，在使用时可以相互搭配使用。

（三）数字文本资源的采集与处理

数字文本资源的采集相对其他资源的采集而言较为简单，文本位图化是文本数字化的第一步，而且可根据需要与否再进行 OCR 识别，生成矢量文本。从国外博物馆、图书馆、美术馆等文化机构的文本数字化经验来看，文本数字化中的 OCR 已成为必要过程。我国图书馆因早期 OCR 技术对中文识别度比较低并没有都进行 OCR 识别，人工校对的工作量相当于重新录入，但对于名家手稿、书法作品、艺术家口述等的文本矢量化，人工录入仍是唯一的方法。文本位图化主要是借助于数码相机与扫描仪，将文物转换成图像。文本位图采集与图像采集原理完全一致，只是为了节省存储空间，位图文本一般会以灰阶图的较低分辨率存储，通常这样的设置也有益于 OCR 的识别。文本采集的另一种方法是通过调研、采访、录音等方法取得第一手资料，然后撰写文稿或整理口述资料，这类方法适合于记录与描述那些非物质文化遗产。

OCR（Optical Character Recognition）图形扫描输入技术又被广泛称为"光学字符识别技术"，指将图形中的字符通过电子扫描方式进行输入，再通过程序检测图形，最后与数据库进行比照后转换成矢量文本的技术。从位图文本到矢量文本，OCR 技术必须经过数据库的影像数据输入、图片及影像处理、图形特征数据抽取、图形比对辨认等多个步骤才能进行文字识别，最后由人工进行自动校正将已经检测并达到一个认错点的数据进行自动更正，并将输出结果存储。OCR 技术开展较早的国家是日本和美国，早在 20 世纪六七十年代就已经开展研究，主要运用的领域包括邮政、政府行政等。今天，OCR 技术已经广泛被使用在各个领域，包括金融、财务管理这样的经济领域，也包括手机、笔记本电脑输入这样的生活、生产领域，而在文献档案管理上，OCR 技术更是大显身手。由于拉丁字母字形简单，加上字母数量不多，对拉丁字母的 OCR 技术今天已经达到炉火纯青的地步，这当然为文本的输入、转换与保存带来了极高的工作效率。另一方面，OCR 技术也对版权造成了冲击，纸质书的电子版本被不断非法地上传到网上，使得作者的著作权得不到保护。[①]

二、数字图像资源的保护

数字图像是数字化保护的重要内容和手段，不论是政府部门作为管理方出于对管理的需求，还是专家出于对北宋皇陵研究的需求，或是游客来此游玩时留念需要，北宋皇陵通过各种方式保留了大量数字图像资源。

北宋皇陵数字图像资源按内容来划分，大概可以划分为以下四类：第一类是以数字图像格式存在的文本资源，如北宋皇陵旧址早期照片等内容以图像格式保存。第二类是题刻、碑刻上的文字拓片后进行了拍照，还有些风化较为严重的石刻出于保护需要，对其进行了拍照。第三类是主要遗迹的照片。第四类是自然景观和相关环境照片。

（一）数字化中的图像

图像是性价比最高的数字资源，比文本的输入方便，其表达力也比文本更直观，因而有着天然的优势，被大量用于文化遗产资料的保存。尤其是近几十年，随着图像技术的愈加成熟，在文化遗产数字化项目中，有 90% 以上的内容被数字化为图像的形式进行保存。另外，图像的适用面非常广泛，适合表现任意一种物质的或非物质的文化遗产。美丽的自然遗产可以用图像的形式展现，鲜活的非物质文化遗产也可以用图像表现。

数字图像主要指的是用有线数字值像素的形式来表示二维图像，由"模拟图像数字化所计算得到的、以这些数字像素形式作为基本结构要件和组成元素的、能用数字计算机、数字电路等来进行数据处理和存储的图像，由一

---

① 郑巨欣，陈峰．文化遗产保护的数字化展示与传播［M］．北京：学苑出版社，2011．

个数组或者矩阵形式进行表示，其光照射位置和光照强度皆是分离的，故又称数码图像或数位图像"①。GIF、BMP、PNG、JPG、JPEC 等，以及矢量图像格式 WMF、SVC 等等是当下常见的图像格式，像素作为数字图像的基本单元，上述格式都由其组成。图像比文本更生动形象，在各类电子书、网页以及多媒体中，图像的使用量也十分大。

（二）数字图像的特点

与普通的光学照片、绘画不同，数字图像的大小有自己的数字特性。数字化的文化遗产中，图像的功能以说明为主，就像文体中的说明文一样，首先要最大可能清晰真实地表现文化遗产的这种存在，其次是要有视觉效果，即图像的构图需要美观，能给人留下更多的印象。

数字图像的大小是数字图像最重要的属性之一。数字图像以点（像素）的多少来计算，比如家用数码相机的 CCD 是 1200 万像素，通常可以拍摄 3000 像素 ×4000 像素的照片。像素其实是一个正方形的色块，千千万万的色块拼合，即成了位图。对同物体进行同等构图的拍摄，自然是像素越多图像越精细。像素在每个图像载体上的大小并不一样，但它们的大小都满足一个最基本的要求，即在通常的距离观看它们时，人的眼睛无法轻易地分辨出这些色块，而总是看到一幅完整的图像。描述图像像素大小的一个重要概念是分辨率，图像输入分辨率的单位为 PPI，即像素每英寸；图像输出分辨率的单位为 DPI，即点每英寸；前者描述的是使用数码相机或扫描仪采集图像时图像的精细度，后者则是使用打印机或印刷设备输出图像时的精细度。在它们之间，还有个特殊的设备显示器，也有像素，不过它最佳像素的大小是比较固定的，比如早期的 15 英寸 CRT 显示器以 800 像素 ×600 像素显示为最优（尽管也有 1024 像素 ×768 的显示方式），17 英寸 CRT 显示器以 1024 像素 ×768 像素

---

① 王华夏 . 高速铁路隧道衬砌裂缝图像快速采集系统研究［D］. 西安：西安交通大学，2013.

显示为最优。以 15 英寸显示器以 800×600 像素显示推算，显示器的分辨率接近 72PPI，虽然今天的 LED 显示器像素大小更接近 96PPI，不过我们通常以 72PPI 来描述显示的通用分辨率。不过这并不影响我们使用显示器，72PPI 和 96PPI 的区别只在于使用软件进行 1∶1 预览时，显示大小与实际大小并不样。

颜色也是数字图像重要的属性之一。颜色是物体对光波的反应，如果物体把白光中的其他光都吸收而唯独不吸收红光，那么红色光波就被物体反射到我们的眼睛之中，我们的眼睛接收到这种光后把光的信息传送到大脑，大脑对这种光的信息与语言中的"红"相联系，于是我们就看到了红色的物体。在数字世界中，为了更好地把色彩定量化，图形学家建立了很多色彩模型来描述颜色。常用的数字图像的色彩模型有四种：LAB 模型、RGB 模型、CMYK 模型和 HSV 模型。

LAB 模型分别用明度（L）、红—绿（A）、蓝—黄（B）三个元素构成，这种模式的优点在于所表示的色域极宽，已经和自然界中的光谱十分接近，而且 LAB 模型的颜色分布十分均匀。

RGB 模型是由光的三原色红光（R）、绿光（G）、蓝光（B）构成的，它是一种光原色的混合色彩模式，属于加色混合，即三种光越亮，混合在一起时的颜色也越亮。RGB 模型常常用来模拟光显示设备所显示的颜色，包括显示器、数码相机的 LED 取景器等，它所能表现的色彩范围小于 LAB，而且有绿色分布过多的缺点。

CMYK 与 RGB 正好相反，它是一种减色模型，CMY 分别代表青、洋红、黄，由于 CMYK 主要是被用来表示印刷或打印上油墨的量，所以青、洋红、黄三色的成分越多，颜色就越趋向黑色，成分越少，就越趋向白色。这种模型比 RGB 的范围更小，原因是提炼油墨的天然成分的限制，使得印刷上的红色常常没有显示器上的红色那么鲜艳。

HSV 颜色模型技术是基于 CIE 三维显色图像系统中的三维颜色空间模型发展而来，其采用的色彩技术主要是对使用者直观接触到的三维图像内部色彩进行描绘分析，类似于孟塞尔显色成像系统中提到的 HVC 球型色立体的分析法。其是一种对物体颜色进行描述性且用户可直观体验的显示方法，是因为色相（H）、饱和度（S）、明度（V）都能被人凭经验感觉，所以这个模型的优势在于调色的时候十分便于控制，但它并不是一个色彩的构成模型，而是人为对色彩理解后形成的模型。

图像的格式是数字化图像的一个十分关键的要素。如果只是简单地把图像保存下来，那么即是将图像的每个像素用 0 和 1 记录下来，然后通过一定的方法封装，打开文件的时候，再使用一定的接口使看图软件可以将其解码成为图像，这就是位图文件。BMP 文件采用了位映射存储格式，这种格式除了图像深度可选以外，不采用其他任何压缩，可以最大化地保存图像信息。

（三）数字图像资源的采集与处理

图像的采集主要使用数码相机和扫描仪两种设备。前者用于直接拍摄真实场景，后者则主要用于对非数字图像的数字化工作，两者各有优劣，并适用于不同情况。与传统相机不同，数码相机（Digital Camera）虽然同样是记录现实场景的摄影设备，但它最后获得的是数字图像。经过几十年的发展，数码相机已经完全取代了传统相机，而其低成本、低污染、操作方便、修改灵活、可复制、高兼容性等许多特点，使得今天不论在家用领域、商业领域还是专业领域都占据了绝对的地位。对于文化遗产图像的数字化记录来说更是如此，数码相机的成果直接是数字格式的，而传统相机不仅冲印需要大费周折，得到印在相纸上的图像还不得不经由扫描仪转成数字文件。

影响数码相机成像质量的因素主要有数字传感器、镜头、数字信号处理器等几个硬件，当然还有几个外观上的或辅助拍摄的构件。这些硬件直接决定了相机在功能上的表现，最重要的是分辨率、相当感光度和测光方式（主要由数字传感器决定），快门、光圈和光学变焦倍数（主要由镜头决定），白平衡、色彩控制与存储格式（主要由数字信号处理器决定），还有镜头或数字传感器共同完成的对焦功能、数字传感器与相机缓存支持下的连摄功能等内容。

表 5-1：数码相机的主要性能指标

性能	内容指标
分辨率	越高成像越精细
相当感光度	越高越能在光线条件不佳的情况下拍摄
测光方式	多种测光方式可以适应不同环境下的光线，最佳的测光方式可能需要使用测光表单独测光
快门	越快进光量越少
光圈	广角可以拍摄更大范围，长焦可以捕捉细节
变焦	广角可以拍摄更大范围，长焦可以捕捉细节
白平衡	在不同颜色光源下保持正色
色彩控制	色彩深度与准度控制
存储格式	RAW 格式、JPEG 格式的精度

　　此外有许多品牌相机还推出了自己研制的防抖技术，主要包括佳能、尼康的镜头防抖技术（IS、VR），柯尼卡美能达、富士、奥林巴斯等的传感器防抖技术（AS、SR），可以有效地防止光线不足快门较慢时手持拍摄所产生的抖动。一般来说，数码相机可以分为家用型的小型数码相机、入门级的单镜头反光相机（Digital Single Lens Reflex，D-SLR）、专业相机和特殊用途的专用相机等。小型数码相机功能较少，但轻巧而携带方便，比如松下的 ZS-7；入门级的单镜头反光相机性价比高，可以应付大部分拍摄情况，比如尼康的 D-7000；专业相机价格很高，但功能与拍摄效果十分出众，比如哈苏 H4D-31 价格在 10 万元以上，是专业影楼与摄影家的专业装备。另外一种与数码相机关系十分密切的设备数码后背。它有点像数码相机的辅助设备，配合中高端的相机后，可以生成原相机像素几倍的数字图像。这是一种十分重要的高分辨率数字化设备，尤其是像文化遗产相关文物数字化这样性质的工作，更需要引入这种设备。

　　现在，越来越多的新型图像采集工具或辅助采集工具被运用到图像数字化采集中来。GigaPan 就是一种将相机连续转动拍摄相接的小幅照片，并最后可以合并成超大幅图像的设备。类似的装置比如由浙江大学和敦煌学院研发的专门用于壁画数字化采集的平台，由支架、相机、照明设备等组成，可以拍摄得到 5 亿~10 亿像素图像，同时由于这种装置没有使得相机转动，不需要畸变处理，镜头校正、拼接处理的误差分别仅为 1 个像素与 5 个像素，保证了高精度、高保真度。[①]

扫描仪是另一种常见且重要的数字图像采集工具，它只能采集扁平物体的图像，虽然其工作范围远小于数码相机，但有其自身优势：不容易产生畸形；以高分辨单采集小图像，而数码相机在这方面限制较大；在封闭环境中工作，颜色更准确。在文化遗产保护工作中，大量古文献、图书、书画的图像采集均需要使用扫描仪。

三、数字音频资源的保护

声音是一种动态资源，它拥有空间以外的第四维度因素——时间。音频是数字化的声音，声音在通过数字化录音和后期制作后就形成了数字化音频，即以数字表示音频。采样频率和采样深度是用来表示音频逼真性的两个技术指标。播放数字音频的平台极为丰富，CD、VCD 等日常家电均为较专业的音频载体，采样频率与采样深度较高。在数字化时代，越来越多的数字音频存在于 PC、iPad 以及手机等移动终端，可以通过相关软件便捷地打开它们。

虽然数字音频的表达能力有限，但在声乐类的非物质文化数字保护上有独特优势，对于戏曲艺术而言，声音是核心元素。采访式和排练式是采集音频的两种主要方式。相比之下，前者对录音设备的要求较低，较为随机、随意；而后者则对录音设备要求相对较高，通常是在精心安排后才进行。录音工具主要包括录音笔、手机以及录音棚等，根据不同的音频要求选择不同的录音工具。数字音频诚然是对文化遗址进行数字化保护的重要资源之一，但由于

① 潘云鹤，鲁东明.古代敦煌壁画的数字化保护与修复［J］.系统仿真学报，2003（15）.

北宋皇陵非物质文化遗产，在其相关历史上，与音乐、声音相关的文化遗产并不突出，因此北宋皇陵的音频数据极少。

（一）数字化中的音频

声音是由于空气中的物体受到外力作用振动产生声波，声波通过媒介向四周扩散，当它传播到人的耳膜时，耳膜也发生了这种振动，与耳膜相连的神经就把这个振动信息传递给大脑，由大脑解释这种振动成为声音。声波在空气中的速度是 340 米每秒，并有所谓衍射现象。声波有两个属性幅度和频率，相对应于声音即是声音的大小和声调的高低，它们的单位分别是 dB 和 Hz。虽然不少动物可以感觉到的声波范围比人类广得多，不过人的耳朵仍然可以说是人身上最灵敏的器官。人类的耳朵不仅可以听到低于 220MHz 的声音，更能够分辨差别细微的声音，比如在交响乐演奏的时候，指挥家、演奏家、作曲家或资深听众都能清晰地分辨每一种乐器单独声部的演奏。而声音呢，虽然它不像图像那样具有实在的立体的维度，不过它却是最能激发人们美感和艺术感的元素。在各种艺术中，包括绘画、文学、音乐、电影等，音乐是最抽象的，但总是能够更轻易地让人感觉愉悦，难怪在朗诵诗歌的同时，我们都要为它配上背景音乐。当然，声音不仅仅表现为音乐，声音还有自然声、人物对话及噪声等。使用声音，不仅可以加强数字化作品的真实感，更可以让画面延伸出纵深感。更为重要的是，非物质文化遗产中的戏曲艺术，声音是不可或缺的主要元素之一，甚至独立出来，人们仍能体味到原汁原味的艺术。这样通过数字化技术保存下来的同时，更达到了广泛传播的目的。

数字音频的平台十分丰富，CD、SACD 以及音频 DVD、音频 BD 都是十分专门的音频承载体，它们的录制通常都十分注意高保真，采样频率与采样深度也非常高，使用专门的功放器材和音响设备可以得到临场感很高的声音。而更多的数字音频以文件的形式存在于个人电脑的硬盘或服务器的硬盘上，可以非常便利地使用电脑软件打开这些文件。

（二）数字音频的特点

音频的表达能力虽然有限，但音频却是五种数字资源中唯一的听觉资源，它既有自己独特的表现方式，又可以辅助其他资源，使其他资源的表现力变得更具感染力。音频有两个较为突出的特点：听觉性和高保真性。

由于大部分数字资源都是视觉的，所以作为听觉资源的音频可以让人得到不同的感受，而且听觉资源的立体性也比视觉要强得多。一般来说，声音按产生方式可以分为自然音响和人声两种。音频的运用十分灵活，它可以与各种视觉资源组合起来。

音频的高保真（High Fidelity，Hi-Fi），即音频设备对声音最大限度逼真地采集与播放。在词典定义中，高保真是专门用于形容音频的词语。要保持音频的高保真，不仅录制声音的设备复杂而昂贵，播放音频的音响也价格昂贵。人们对声音的高保真追求远远胜过对于视频、图像的视觉效果，而其根本原因就在于声音的魅力所在。音频还有一个特点也使它成为被广泛使用的原因，即普通音频的录制成本低廉、方便高效、文件容量也较小。虽然高保真音频的处理十分复杂，但在文化遗产数字化保护中，需要高保真的音频也许只占很小的一部分，大多是与音乐相关的戏曲、歌剧等，相当部分的音频使用是在与其他资源配合的情况之下，比如纪录片中专家或艺人的访谈，录制这部分音频相对简单得多。而且，就音频文件本身来说，它的文件也相对较小。

（三）数字音频资源的采集与处理

数字音频采集分为两种情况：一种是采访式的音频采集，一种是排演式的音频采集。两者的区别在于后者一般是有准备而特意排演的音频采集，音频采集点也事先做过安排，或在专门的录音棚内进行；而前者比较随机，主要是以田野调查中进行的音频采集为多。

采访式的音频采集对采集设备要求也比较低，一般普通的录音笔或者使用手机的录音功能就可以胜任，采集得到的音频主要用途可以是转制文本或纪录片中引用等。排演式的音频采集对设备要求很高，那种实地采集音频的，需要预先在场地的周围布置好收音器，在采集过程中还需要使用混音器来进行各声道声音增益的控制。如果是舞台采集，那么通常舞台会预留收音器的位置，并有录音室可供音频师使用；对于那种户外演出、仪式等的音频采集就需要预先做好摆放收音器框架，以及做好音频线的布置方案。而录音棚的音频采集相对就比较方便，只是租用的费用会比较高。另一个值得注意的问题是，首先要确定音频最后的使用场合，再行确定以什么设备进行音频的录制。

四、数字视频资源的保护

视频资源与数字图像资源的保护现状相近，资源丰富，但精确性、准确性即有用性、有效性方面较为欠缺。过去一段时期内，随着当地政府对文化遗产保护工作的不断重视，拍摄了一些与北宋皇陵文化相关的历史纪录片和文化介绍片等，积累了一定的视频数据。这些视频资料是北宋皇陵数字化展示的重要资料来源。

（一）数字化中的视频

影像有静态和动态两种形态，图像为静态影像，而视频则是动态影像。将动态影像以一定的方法保存下来，就形成了视频。与动画片不同的是，视频是一个技术概念，动画片、电影、电视等均属于视频。动画片是一个艺术风格上的概念，与故事片、纪录片相对。由于数字视频优势明显，处理高效廉价，视频已经成为数字化视频的代名词。

视频根据形成的原理不同，可以分为模拟信号视频和数字信号视频。模拟信号视频是通过电子学的方法来记录和显示动态影像的，早期的电视机都采用模拟信号视频。数字信号视频则是以计算机图形学为基础以数字方式来记录处理与显示动态影像的视频，它可以看作是多张连续数字图像（帧），目前，我们生活中的大部分视频显示设备都是数字信号的。但这并不表示模拟信号视频今天已经不存在了，很多中小电视台中的视频处理设备仍然是基于模拟信号的，这些模拟信号视频最终还是会被转换成数字信号视频再加以处理或显示，这种转换就是 AVD 转换。以模拟信号记录的摄影机也没有完全淘汰，但也可以使用采集工具将录制在磁带上的模拟信号视频转换为数字信号视频。而数字电视在我国正处在初级发展时期，边远地区的视频信号仍然是模拟信号，所以还存在 D/A 转换方法，将通过数字方法记录或处理的视频转换为模拟信号，以让那些地区的居民收看到电视。由于数字视频优势明显，处理高效廉价，因此，我们这里所说的视频即为数字信号的视频，也就是数字化的视频。

根据内容来源，还可以把视频划分为摄制视频与绘制视频，前者是基于现实场景，使用视频记录设备，比如摄像机拍摄得到的视频：后者则是以虚拟场最为主，在计算机中通过软件生成的视频，也称为计算机动画。所有风格的视频都由这两种视频单独构成或组合而成，比如纪录片成故事片全为摄制视频，3D 动画片则全为绘制视频，广告、电视节目通常两者都包含。

视频有几个重要的属性，其中画面大小、颜色与静态图像的大小、颜色属性类似。数字视频也以像素来计算画幅（虽然模拟视频不是），颜色系统一般可以分为两类：RGB 颜色系统和 YUV 颜色系统。视频还有几个特有的属性：帧率、码率和像素比等，其意义如表 5-2 所示。

表 5-2：视频格式中的几个重要属性

属性	内容描述
帧率	描述每秒钟有多少静帧图像，主要有电影 24 帧，电视 PAL 制式的 25 帧和 NTSC 制式的 29.97 帧等
码率	是文件大小与时间的比率，越高视频越清晰。
像素比	每个像素的长宽比。它和像素量，包括水平与垂直向像素数量，一起决定了最后面面的比率。

（二）数字视频的特点

视频中的信息量十分重要，随着拍摄者镜头的移动，或重峦叠嶂面貌尽现，或建筑结构层层展露；许多无法用言语描述的场景，视频却清晰明了，生动形象地呈现给观众。视频的另一个重要特点就是可以被人们记录下来过程，这也正是它与传统静态影像的最主要的异处所在，静态影像虽然可以被人们记录为一个有物质形态的文化遗产、文物或其他情境和场景，但对于大部分的非物质文化遗产的记录就力不从心，特别要注意到的是像艺术生产过程、戏曲、习惯等非物质的形式，讲述的是一个连续的生产过程或者一个连续的工作过程，这时候便需要利用视频进行录制。

此外，视频可以直接记录真实的情境，它的真实性和准确度不易于被人模拟和仿制，因此比其他各种形式的信息资源更加富有说服力；而通过剪辑或者创作，视频也具备了相当强大的文化和艺术表现能力，最为典型的代表性形式之一便是电影。这些视频经过了封装之后还具备一定的社会交互性和操作能力，比如关于章节跳跃、绘图中画等功能，甚至还让你可以自己动手做一些初级的互动游戏。以前，播放视频的平台少而昂贵，笨重且显示质量不高，因此即使像电视这样的产品，在我国 20 世纪 80 年代初还是一件奢侈品。近 20 年来，视频显示设备从模拟到电子，从阴极射线管（CRT）到液晶显示（LCD、LED），更新换代可谓十分迅速，并且成本不断下降，视频显示平台不再昂贵。目前，显示视频的主要设备有电视、个人计算机、PDA、移动电话、娱乐设备（iPad、MP4 等）、公共电子屏、亭显示设备（Kiosk）等，在城市的角角落落可谓充满了这些平台，视频也因此随处可见。

在文化遗产中，视频是一种十分重要的数字化保护与传播资源，特别是非物质文化遗产中存在的大量过程性遗产。比如我们传统的司祭活动，尽管文本中神态描述的内容很多，但是这不仅需要创作者深厚的历史文字基础，也要求广大读者具备一定的历史文化基础底蕴和对神态的理解能力，即使如此，对于其中的神态司祭活动，众人对其神态的描述仍会变得十分困难；图像虽然可以比较好地去记录它，不过那些动态的行为也难以一目了然；音频虽然在播放时可以直接记录人物声音的整个过程，还同样可以再配上解说员的演示，但是需要观看者具备一定的思维和想象能力，比如解说会说一个穿着黄色衣服的司祭唱起了歌，我们可以听到歌声，但他穿着黄色就只能想象了。视频则是可以栩栩如生地呈现出来，多个角度的视频拍摄也是可以很好地弥补其中的局部细节。

不过，单凭视频一种资源也是无法完全呈现的，它还是需要与其他的数字资源一起通力协同，才能够得到更好的呈现。视频和音频经常紧密的结合到了一起。单独的音频封装格式十分常见，不过，单独的不带音频的视频就比较少了，这与很多因素有关。首先，通常人们只要听到声音，就可以想象得到产生声音的画面，但如果看到一个人说话，那么很难判断他在说什么，除非可以读懂他的唇形。其次，人的耳朵要比眼睛灵敏很多，经过训练的指挥家可以分析交响乐中每个乐手演奏的每个音，但眼睛却常常制造错觉，在参照物不一样的情况下，人们会把两段同样长短的线段认为是不相等。再次，从习惯上来说，人们可以接受广播这样的音频形式，却不习惯配有字幕的视频，在电影的历史上，出现过只有画面没有配音的默片时期，但录音技术成熟之后，就极少有专门为了艺术效果而创作的默片了。因此，我们所说的视频片段也好，故事片、纪录片、动画片的视频也好，通常都是有音频伴随的。此外，文本在视频中的作用也十分重要。比如一部纪录片，如果有解说员在旁白，那么他念的便是文本。这些文本用自己独有的形式来表达和解读视频中的画面，不仅能够使大众更加清晰地理解视频中的内容，更能够为视频增添细腻的情感。而由于文化和语言之间的关系，所以文本的翻译就更加没有必要在网络上出现，比如不少的民间艺术家对于普通话并没有那么精湛，那么搭配上简单的字幕就能够让大众在清楚地理解文章内容的同时，也能够保留原汁原味的中国传统语言特色。进入信息化时代，视频和音频通常合二为一，其优点显而易见：能动态记录真实场景、过程，信息量大。基于这些优点，数字视频成为有效保护非物质文化遗产最好的记录方式之一，也是保护物质文化遗产最重要、最有效的记录方式之一。

（三）数字视频资源的采集与处理

数据摄像机是采集视频的主要工具。拍摄完成后，通常要对视频进行处理，主要包括视频的编辑、合成和压缩。视频格式较为复杂，常见的格式有 MPEG-2（在 DVD 和 BD 中播放）、MPEG-4（MPEG-2 的升级版，质量更好）、WMV（Windows 自带的一种格式）、RM（文件小而质量高，但高清视频较少用它）、AVI（目前主流的视频编码格式）、MOV（苹果公司的视频格式，质量好，但通用性低）。文化遗产数字化保护过程中的视频资源大部分经过制作，较少直接使用原始数字视频资源，纪录片、电视节目和动画片是最常见的影片形式。[①]

视频的处理流程主要分三种：编辑、合成、压缩。编辑也可称为剪辑，即是通过对视频中的片段信息进行某种一定次数顺序的连接和场景信息转换，并同步音频；合成技术是指将两段或两段以上不同的视频直接组合在一起，或是将一些静态的图像植入视频里等，最常见的技术主要有抠像（kering）和跟踪（capture）；压缩的目的其实就是对处理完成后的视频进行下一步格式的保存而做的渲染过程。

视频的格式十分复杂，各种格式其实是画面压缩的不同算法。如果视频以一张张静态图像来保存，那么不仅文件会变得非常大，而且播放对系统的要求也很高。但事实上，视频前后两张图像往往大部分面积都是一致的，只是主体不一样，因此，播放视频时只需要计算运动的部分，而将不变的部分保留使用前一帧，这就产生了压缩的可能。当然，各种格式的计算方法都很不一样，压缩效果也可以自行设置，最主要的就是以码率这个属性来控制。

---

① 郑巨峰，陈峰.文化遗产保护的数字化展示与传播［M］.北京：学苑出版社，2011：8—92.

表 5-3：常见的视频格式特点

格式	内容特征
MPEG-2	比较普遍也是较早的一种格式，在 DVD 及其他大多数 BD 中的视频便是 MPEG-2。其优点是具有较强的通用性。
MPEG-4	较新的一种格式，在原来 MPEG-2 的基础上做了较大的优化，质量更好，一部分 BD 采集这种格式，不少移动视频也使用它。
WMV	Windows 本身自带的一种视频格式，在网络和流媒体上已经使用得很多，但不被播放设备支持。
RM	RealMedia 公司的视频格式，其优点主要在于它的视频文件小且图像质量高，但是在高清视频播放方面，通常不会使用该格式。在移动互联网及其他移动设备上使用得比较多。
AVI	这是一种数字视频文件封装编码格式，真正的数字视频文件编码封装格式在这个 AVI 下面有许多细分，最出色的就是 DivX 和 XiD. 它们是目前主流的视频编码格式。
MOV	美国苹果公司的视频编码格式，影像编码质量很高，但是其通用性略低。

数字视频处理软件从平民级的免费软件、用于入门级图形工作站的中级软件，以及到仅能用于 sGI 工作站上的价值百万美元的软件，产品线极为丰富。adobe 公司的后期软件平台对于技术能力要求低，产品线主要包括了 Premie 和 ArfFfeets 等比较完整的剪辑、合成软件，索尼公司推出的也有 VegasPro 等入门级的完整剪辑合成软件，这些软件广泛适用于各种中小型规模的电影工作室。另外，Avid、Canopus Edius、Eyeon Generation、EDITMAX、Final Cut Studio 等这些软件是相对比较专业的，非常适合广播公司或者电视台使用。在电影制作或大型电视台中，通常都会选择非常昂贵的名为 SGI 的工作站管理软件，例如 Inferno、Flame、Smoke、Fire、Flint 等。

五、三维数字资源的保护

三维数字资源是与二维数字资源相对而言的，二维资源即平面资源，而三维资源是某物体在立体空间中的一系列平面的集合，同时还包括其材质等要素。三维数字资源的对象既可以是文物，也可以是大型遗址，因此三维数字资源在文化遗产的保护与展示中均广泛使用。在非沉浸式虚拟漫游和文物展示上，三维数字资源运用最为广泛也最为成熟。前者对应三维场景，后者对应三维物体。在三维场景中，操作者可以在某个空间中自行前进或倒退，如置身于现场。操作者面对三维物体，可以 360 度旋转。三维资源也是增强现实与沉浸式虚拟现实的基础，数字故宫、数字敦煌、数字罗马、数字米开朗琪罗等项目，均是以三维数字资源为基础，文物或遗址的修复同样离不开三维数字资源。

近年来，在信息化、数字化技术迅速发展的背景下，对文化遗址进行数字化保护已经开始兴起并逐渐成为潮流。然而，北宋皇陵未进行系统的、全面的三维数据采集。对这些重要遗址的三维数据采集，既是北宋皇陵数字化展示和保护的基础，也是激活其可持续发展内生力的重要前提。应尽快对这些重要文物的三维数据进行抢救性采集。总之，在北宋皇陵园区的三维数据资源保护现状方面，有很多重要史迹的三维数据需要尽快进行抢救性采集。

表 5-4：北宋皇陵数字资源保护现状一览表

数字资源	北宋皇陵保护现状
数字文字	已开展工作不多，但保存较好
数字图像	重要场景有照片（如北宋皇陵历史照片），但图片有效性不足
数字音频	音频数据极少，难以也无须对其保护状态进行评估
数字视频	视频数量及有效性不足
三维数据	没有三维数据，大部分重要遗产都要采集三维数据

（一）数字化中的三维资源

三维数字资源的建立远比数字图像和数字音视频复杂，相比之下，其建立方法也多于其他数字资源。三维对象的建立主要有经典 CAD 建模、激光扫描、基于图像建模（IBM）和基于光线建模。三维资源的采集方法主要有三维激光扫描、基于图像的建模和基于光线的建模三种。三维记录虽然对于文化遗址的保护与展示而言，成本极其高昂，但其成效和优势也是显而易见的。[①]

可以看到，大部分优秀的文化遗产数字化保护项目，包括国内的数字故宫、数字敦煌，国外的数字米开朗琪罗、数字罗马，都是基于三维对象的大型项目，可见三维对象一直在高端展示上占有很重要的地位。三维对象的数字文件也是保存文化遗产最好的形式之一，从而凸显了三维对象在文化遗产保护上的作用。虽然图像与视频也可以记录下一种实物，不过都没有三维物体来得直观生动，三维对象就像真实存在的实物一般，在特殊的软件里可以以任意角度观看，并且在需要时，还可以渲染成为图像或动画视频片段。而且，通过通用方法制作的三维模型已经可以和原物达到95%甚至更高的相似度，而专供研究使用的高精度模型，几乎与原物一模一样，完全可以以假乱真。现在，专业存储文化遗产三维数字化后的三维数据库，保存下了大量优秀的三维模型，成了珍贵的数字遗产。

数字化三维对象文件还是实现文物保护修复和遗迹恢复的重要手段之一。运用三维图形学的计算手段来准确地推算出一个文物中所缺失的某些部位或者是拼接破坏的残片，不仅给考古学家和该博物馆的修复者及其工作人员带来了很多便利，也让当今的世人都能够欣赏到完全复原的历史文化遗产或者是其他文物古迹。我国是文物大国，在对文物进行复原上，我国已经走在了世界的前列，不过还是有上百万件文物必须要被复原与加以拼合，三维数字化修复是有效的方法之一。

（二）数字三维资源的特点

三维对象就是在一个立体空间中一系列表现出来的物体和图像的集合体，

---

① 郑巨峰，陈峰.文化遗产保护的数字化展示与传播［M］.北京：学苑出版社，2011：104—106.

图 5-3　敦煌莫高窟 VR 全景漫游

此外往往也包括了这个物体的主要材质、纹理，场景中必要的光线以及构图使用的摄像机。比起二维的平面图像，三维对象更形象生动，更真实，更利于人们理解物体的立体感，因此在文化遗产保护与展示中被大量采用。三维对象可以是一件文物，也可以是个遗址，甚至像约塞米特（Yosemite）大峡谷这样的巨型自然遗产，都能通过先进的方法被记录成三维数字文件，以供他用。

不过，三维数字资源相对于其他数字资源的获得成本较高。对早期我国文化遗产而言，仅有几处著名保护单位，诸如敦煌莫高窟、故宫、秦始皇兵马俑等大型国宝级文化遗产才进行了三维数字化。三维对象运用得最多的地方便是日益成熟的非沉浸虚拟漫游和文物展示上，两者分别对应的是三维场景与三维物体。所谓三维场景的虚拟漫游，即人们可以以第一视角在一个空间中操控前行或后退以及转弯的方向，从而游览这个空间。三维物体的展示，区别于传统的图片，人们可以 360 度观察它，而非只是一个方向。

增强现实系统与沉浸性虚拟现实系统也都需要三维对象来作为基础。在瑞士 ETH 的 E-MURA 项目中，研究者甚至使用了三维来复原古代罗马的一些场景。虽然使用纪录片的方法，或影视形式的再现，这些场景也可以十分逼真地再现出来，比如在由英国 HBO 公司授权出版的一部名为《罗马的荣耀》的电视剧中，制片人极其逼真地重新设计恢复了整个古罗马的街道与议会，在DVD 版本中，更配合了特殊字幕以说明场景或解释那个时期的一些习惯，不过，这种方式被看作是被动的。而三维模型相互配合增强现实体验系统，人们甚至能够置身于古罗马街道之中，置身于古罗马的历史和文明之中。

（三）数字三维资源的采集与处理

比起二维图像与音视频记录，三维物体的记录要复杂得多，三维对象的建立方法也比二维图像的取得方法更多。不过，这些方法各有各的特点，适用于不同条件下的实体的记录，比如实体的大小、是否可以移动、是否可以接近，以及需要得到模型的精确度等。同时，成本预算也是一个十分重要的因素，使用高端的激光扫描仪或借助雷达、航拍的方法，通常价格不菲，而照片测量法则需要的往往只是一台高精度的数码相机和一套商业软件而已。

总体来说，三维对象的建立可以分为四类：经典 CAD 建模、激光扫描、基于图像建模（IBM）和基于光线建模。经典 CAD 三维建模是比较原始的方法，它借助于测绘学和 CAD 软件，通常只适用于结构不太复杂的中小型项目。在不少建筑遗址的三维模型建立中，由于一般我们可以得到这些建筑的建造图纸，这种方法仍然比较实用。它可以建立小至陶器之类的文物，大到一个村落，不过无论如何，它的精度都是比较低的，对于陈旧场景中的破损、风化现象也较难模拟完美，难以还原"修旧如旧"的效果。

激光扫描建模主要借助于激光束的性质来形成确定模型的三维坐标，再经过后期处理得到模型。这种方法建立的模型十分精细准确，由于激光扫描技术不断发展，现在使用扫描仪和拼接的方法已经可以建立大型遗迹的模型，而使用航拍技术则适用于更大范围的三维数字化记录。

基于图像的建模方法的特点是由二维图像来得到三维模型。这类方法的特点是初始成本低、技术含量高，经过几年的发展，衍生出许多方法，其中自动生成模型和技术仍是当今计算机图形学的研究热点。这类方法同样适用于任何范围的场景，手动方法成本低，但精度也低，这类方法对图像的要求比较高，不过精度也可以相应提高。

最后，基于光线的建模方法也常被称为主动的基于图像建模方法，它从激光扫描和基于图像建模两者中受到启发，用普通光来代替激光降低成本和提高灵活性，又可以得到很高的精度，并且可以在建模的同时记录下纹理。这种方法具有很强的灵活性，是目前的研究热点之一，不过由于普通光线能量有限，它只适合于近距离的记录。

三维激光扫描技术就是通过借助激光光束的作用来确定被扫描的实体在三维空间里的坐标和位置，并自动产生结果（三维点云）。激光扫描技术是最重要的三维数字化技术手段，它的适应能力很强，从近距离的小型物体到大型的地形地貌，激光扫描都有很好的解决办法。通常激光扫描根据操作范围可以分为三类：基于三角面的小型扫描仪，主要用于小型物体或艺术品，这类扫描仪可以是手持式的，也有旋转台式的，还有一种是机械手臂式的；基于光束飞行时间和相位比较的地面扫描仪，适用于中型的物体，尤其是建筑或遗址；航拍激光扫描配合 GPS 定位系统，十分适合扫描延绵几千米的地形地貌，它的精度稍低，但操作范围很大。目前，三维激光扫描在成本和时间方面具有一定的局限性，除了激光扫描仪本身价格不菲之外，许多大型文物的扫描还要搭起脚手架，对地形的扫描更需要小型飞机参与航拍扫描；即使是较小的物体，扫描也不是一次就可以完成的，特别是那些凹陷处较多的模型，由于激光无法直接穿透，这些地方需要调整角度后单独扫描，这样，激光扫描就变得十分费时。而且现在的三维激光扫描仪使用都有操作范围的限制，超出它或小于它扫描的结果就会变得不够准确。最后，除了使用光达（LiDAR）[①]方法外，其他激光扫描方法对于大面积上的细小的缝隙或小孔也不够敏感，所以使得越来越多的艺术品数字化采用转向基于光线的建模方法。

三维扫描信号处理的流程主要包括数据取得、对齐和拼合三个步骤。因为光线无法转弯，所以三维图像扫描往往都需要改变不同的角度多次进行扫描，以便能够采集到全部的数据。这些数据再经过软件操作，使得各个重复的部分都可以相互地重叠。最后，这些相互重叠的三维数据都需要被拼接组合成单独的物体。由于三维扫描得到的数据是彼此独立的三维点云，即物体上点的位置，如果需要最后制作虚拟现实，那么还要将这些三维扫描的数据转成多边形面。

除了二堆激光扫描之外，从 21 世纪初开始，另一种基于激光图像的建模方法逐步兴起。这种方法一经提出，就深受三维数字化应用中广大客户的喜爱，它具有成本低、操作简便等特点，使得不经过专业训练的科学研究工作人员就能够胜任这种数字化的记录，而且其准确性和精度也并不低，并且它

----

① 光达技术（LiDAR，Light Detection And Ranging）是一种光学遥感技术，通常使用激光束来获得物体表面的凹凸信息，形成等高线图像。

能够在三维数字化的基础上准确地记录和描述物体在其表面的形状和纹理。这类方法所基于的计算原理就是通过两张或者几张不同角度的图像，对同一个物体在镜头上拍摄之下焦点被错开的影像通过一定的计算方法就已经可以进行计算来构造和建立一个三维的模型。

基于图像的建模方法，除了上述的由软件自动完成之外，还有一种低成本的半自动建模方法。它的工作原理与多方向建模十分相似，也是通过照片导入、校正、测量、建模、贴图，输出等步骤来进行，不过在操作过程中需要手工操作软件或输入相关的数据来计算，在模型生成这一步，也常常需要手动绘制主要线段。当然，这种研究方法也可能存在一些缺陷，首先是对于小型建筑群和工业园区内部细节比较少的地区，该方法最为理想和适合，而由一个曲面或者是不规则的多边形组织构成的诸如雕塑、陶瓷、绘画等艺术品就无能为力；其次，这种方法对破损的、存在细小沟壑的表面也没有激光来得敏感。

基于图像的建模方法首要的是一台高精度的数码相机，其次是一套可靠的商业软件，因此成本相较于激光扫描和后面将要讲述的基于光线的建模方法要低很多，由于制造数码相机的硬件不断降价，今天家用相机已经高达1200万像素，可以拍摄4000×3000大小的相片，这已经足够建立相当精确的模型了。当然，假如要应付更复杂的拍摄条件，那么一台单反相机也是十分必要的，不过总的来说，硬件的成本不高，况且相机还可以重复使用。

此外，还有一种建模方法介于激光和图像建模之间，却常常被误归类到前两者之中——基于光线的建模方法。这种方法借助了激光建模和图像建模的优势，既可以建立精度较高的模型，又可以记录下材质，成本也较低，从速度上来说，前期的扫描工作也比使用激光扫描快很多。首先我们要加以区分的是，基于光线建模中的光线，并不是激光，而是由投射仪投射的普通光线。而正因为这种光线不像激光那样具有足够的强度，所以基于光线的建模方法一般主要用于中小型物体的三维数字化，在文物的数字化中运用得尤为多见，而对大型遗址这类方法就不太适用。基于光线的建模方法以结构光最常使用，还有以阴影建模、以光度建模等一系列方法。

第六章　北宋皇陵文化遗迹数字化展示方面的技术

一、现场数字化展示技术

数字化展示北宋皇陵是未来发展的必然方向之一。本章将在详细介绍北宋皇陵数字化展示基本程序的基础上，主要从现场数字化展示、数字展馆展示、网上展馆三个方面设计北宋皇陵数字化展示的策略，并在北宋皇陵等方面提出若干概念性方案。博物馆和各式展馆的设立是人类文明进化的结果，反映了当代人对历史、对先人文明的珍视，是承前启后、延续文化之脉的重要举措。列宁曾说："忘记过去就意味着背叛。"建立博物馆不仅是纪念历史文明，也是启迪教育后人，使人类文化薪火相传的重要举措。

早在西方的古希腊、古罗马和中国的春秋战国时期，就出现了人类历史上博物馆的雏形——缪斯神庙和孔庙。大英博物馆的出现则标志着现代博物馆正式诞生。自那以后，博物馆与人类文明进化和技术革新同频共振，展示内容愈益丰富，展示手段形式多样。时至今日，各国根据各自国情和管理需要，对博物馆进行不同的分类。例如，中国将博物馆分为专门性博物馆、纪念性博物馆和综合性博物馆三类，而西方国家一般将博物馆划分为艺术博物馆、历史博物馆、科学博物馆和特殊博物馆四类。从空间物理形式上来看，许多博物馆已经不仅仅有单体或连体的建筑物，而且是逐步将公园、花园、休闲娱乐设施等包括进来，使其功能由传统的研究、收藏、展示向综合性、休闲性历史文化知识习得和价值观塑造场域不断演变，多功能文化复合体将是博物馆未来总体发展趋势。

从展示陈列方式上来看，自 20 世纪 90 年代以来，因为现代科学技术尤其是互联网、虚拟现实等技术的迅猛发展，使得博物馆逐渐由传统型博物馆向智慧型展馆（数字博物馆、网络博物馆）的方向发展。同时在不久的将来，博物馆等各种不同类型的展示单位将进一步活起来，向着活态展馆进化。如下表所示。

表 6-1：不同形态展馆比较

类别	传统博物馆	智慧展馆	活态展馆
关键词	文物（历史）	信息（数据）	人文（互动）
形态	固态	流态	活态
主体	一元	一点五元	二元
维度	一维，单向	二维，双向	三维，多向
时空	历史的显示感	历史的代入感	历史的融化感（时空交融、人人交互、人物交互）

智慧展馆是当前博物馆和文化遗址遗产行业的最新发展趋势之一。智慧展的实质是运用智慧化方式进行展览展示的展馆形态，主要是指利用现代科技手段，如三维扫描技术、3D 立体显示技术、虚拟现实技术、虚拟漫游技术、人机互动娱乐技术、特种视效技术等将实体博物馆的各类藏品制作成电子信息或三维模型，再经由必要的技术与艺术处理，以电子化方式完整呈现实体展馆的全貌。智慧展馆可以分为本地数字化展示中心（离线）和网络展馆（在线）。智慧展馆还建立在对大数据的收集、加工处理之上，通过对藏品、客流两个维度的大数据的获取和运行软件的开发，可以为展馆内部管理、对外服务（预约、导览、下载、互动等）、展品修复保护、对外传播等工作提供便捷的技术支持。

活态展馆则是比智慧展馆更高级的存在形态，它以文物为本，以数据为翼，以人文为魂，在文物（遗址与历史）与观众的互动中让博物馆、遗址活起来，让文物、遗址与观众深度交流，使物质文化遗产发挥非物质文化遗产的教化、感染、移情、认同作用。活态展馆将会具有以下特征：首先是鲜活性。活态展馆中的展品、文物都是活灵活现、栩栩如生的；其次是人文性。展品与文物将会是人类的朋友，跨越时空的朋友。对观众应具有移情作用，使观众愿意对文物投入情感，转移一部分自己的情感给文物及其背后的故事，或是感情共鸣，或是启迪人生；最后是奇妙性。活态展馆能够带领观众走入未知的世界，满足观众的好奇心，尤其是满足青少年观众的好奇心、想象力和探索欲。

活态展馆将会是奇妙而充满未知魅力的，吸引人们去探索奥妙。活态展馆建立在智慧展馆的基础上，但又超越智慧展馆，它将会综合运用实体展示和智慧展示的一切优势条件，将充满大胆的奇思妙想和疯狂但又合乎情理的文化创意展示出来，最终目标是使展馆成为文化故事的讲述者、文化内涵的诠释者、文化价值的展示者，从某种程度上讲，活态展馆是我们身边的博物馆

图 6-1　游客扫描二维码，了解秦始皇帝陵铜车马的精细 3D 结构

导师。

活态展馆将是创意与科技的完美融合。它的功能不仅是推介展品，展现某一段历史，更是通过"润物细无声"的方式，在更深的层次上去传播文化，塑造认同（参与项目，深度参与），展示价值（核心价值与人生观、世界观的塑造与教化）。在未来的活态展馆中，可以使文物如雕像、编钟、车马、兵马俑、动物标本甚至木乃伊都活起来、动起来。课本、教具等都可以做成卡通形象，有鼻子、有眼睛、有嘴巴，会说话、有表情、发笑等，与观众进行沟通，倾诉过去的故事，带领人们走进历史。

在活态展馆建设过程中，艺术创意将会充满人文关怀，幽默且有趣，人们将会创造黑白人、镜中人、穿越者、木偶戏、皮影人、雕塑人、蜡像人、黄铜人等，来和观众互动，让文物自己来讲述自己、展示自己、诠释自己。

北宋皇陵在根本上应以遗迹的现场实体展示为主，数字化展示作为辅助手段使用，且应该根据遗址本体实际情况，选择与每个具体遗址相适合的数字化形式与手段，设计出相应的数字化展项。同时，所设计的数字化展示内容应该建立在相应的历史资料基础之上，相应地，数字化展项的设计应该根据考古进程逐步实施。在现阶段，主要将具有展示可操作性的遗址和不可移动文物作为数字化展示项目的实施重点。因此，以下所有数字展示设计思路是从总体和宏观上予以规划的，在制订具体的数字化实施方案时必须有选择、有步骤地稳步推进。

在开辟专门场所进行数字化展示的同时，为了加强遗址现场展示与数字化展示之间的联动关系，增强观众与实体文物之间的互动，更好地体现文物本体的重要性，对于所有的遗址和不可移动文物、移动文物，都逐一制作专门的文物介绍（包括文字说明、图片展示等），并在遗址展示现场为每个文物个体配备二维码扫描功能，观众在参观实体文物时，可通过手机扫描二维码，获取关于文物的介绍信息，实现电子导览和电子语音解说。北宋皇陵的数字化展示应该设计分为现场数字化展示、数字展馆展示、网上展馆展示三个主要部分，其中现场数字化展示是主要部分。

针对北宋皇陵的历史遗迹和不可移动文物构成的遗产类型特点，将遗迹现场和不可移动文物作为所有数字展示系统的核心与重点。同时，数字展示密切配合遗址现场的原址展示。展示流程如下：

第一，根据当前北宋皇陵以及其他不可移动文物的保存特点、遗址及其文物的核心价值与其文化内涵等合理地确定了展示的内容，选取了展示的项目，列出了现场展示的项目清单。

第二，根据项目清单，确定每一项有待展现的历史以及与不可移动的文物在园区中的核心价值之所在，确定其历史和文化内涵的阐释关键字、主要内容。

第三，深入研究历史古迹及其不可移动的文物所处现场的地理地貌、自然环境（包括光照、气候、植被等条件）、保存现状、已有原址展示的方式。

第四，综合考虑以上三个条件，选取合适的现场数字化展示方式。拟采用的现场数字化展示（软件）方式主要有：

（1）虚拟还原

（2）虚拟漫游

（3）AR 增强现实

（4）VR 虚拟现实

（5）激光秀

第五，开展实施手段，确定展示的载体（软硬件）。根据现场的情况和现实环境，拟考虑采取搭设一个高亮度的露天展示器（有雨阳篷进行适度遮盖）、可移动的小型展示室、二维码扫描＋移动客户端、夜间使用激光投影等多种方式。

表 6-2：北宋皇陵的现场数字化展示清单

遗址／不可移动文物	要素类型	历史价值	展示地点	展示形式	展示载体
石人、石马、石兽等	雕塑	价值	园区	数字三维沙盘模型（整体）	带雨阳篷的高清室外 LED 显示屏

北宋皇陵数字化展示的形式建议：

（1）3D激光秀（激光投影）。通过激光投影设备，以激光光束勾勒轮廓线条，塑造人物、建筑、教学用具形象，辅之以声音特效，在夜间或低亮度条件下实施。主题是展现北宋皇陵园区的全景。

（2）数字三维复原。按照历史记载的资料数据，利用数字虚拟复原技术，通过三维建模，将北宋皇陵建筑遗址进行虚拟复原，呈现在显示屏上，并配以文字、语音解说，供公众了解。

（3）虚拟漫游。在数字三维复原的基础上，通过虚拟漫游技术，让公众跟随镜头园区环境中和建筑中游走、跑动，感受宋代文化的历史氛围。

（4）VR虚拟现实。通过VR电子设备（头盔、眼镜、操作杆、显示屏等），让公众虚拟进入特定的课堂、对话、活动场景之中，并与场景中的虚拟人物进行互动，以身临其境地体验历史场景。

（5）音画MV专题片。针对文物或遗址的历史文化内涵和艺术价值要素，拍摄专题视频，系统解读文物和遗址在北宋历史事件中的价值与作用，让广大参观者了解、欣赏文物遗址的历史、科学和美学价值。

（6）应用程序App。它是指根据文物或遗址的建筑形态、文化内涵、可操作性等方面的特质，专门开发的全面系统介绍文物或遗址的结构、形态、演变、功用、价值、赏析，兼有图文介绍、专家语音解读、游戏小程序等各种形式的手机应用软件。

（7）AR增强现实。通过用移动客户端（手机、iPad）等扫描二维码，实现公众与特定场景、文物、遗址的虚拟融合与互动，公众可通过互动方式加深对文物遗址的理解。同时，公众可以通过扫描二维码，进入特定的微信公众号或App程序，阅读欣赏文物遗址信息，这些信息中所含内容为文物、遗址的语音、图文介绍，可制作为特定的H5格式呈现，含有不同多媒体形式和菜单内容的电子文件，可点击、悬停、选择不同菜单。

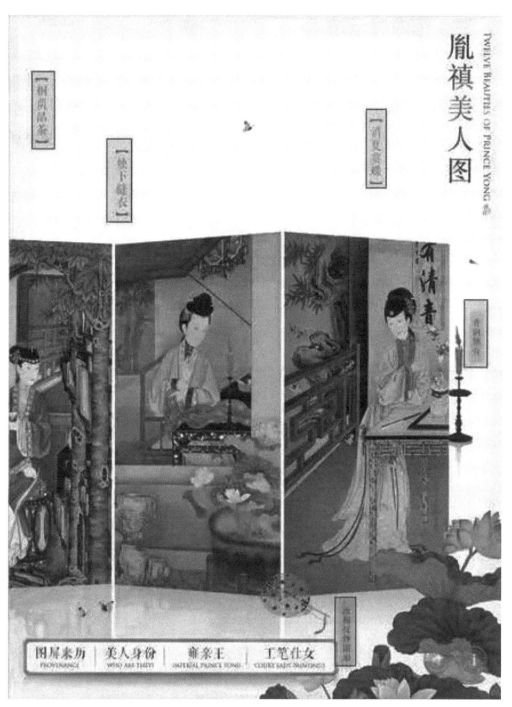

图 6-2 故宫 App：《胤禛美人图》

167

二、馆内展示技术

数字展馆主要是配合陵区内的环境展示和现场数字展示，主要展示那些在现场无法展示或展示效果不佳的内容。例如，北宋皇陵建筑的结构样态、全貌、历史沿革、历史文化价值、与北宋皇陵有关的历史事件。此外，数字展馆还承担一部分互动和游戏功能。

可以在对北宋皇陵展馆整体进行全方位重新改造的基础上，兴建皇陵数字展馆，完成一个数字化（智能多样性）的展示系统。所谓数字展览场所与一个实体性的博物馆并非作为一种完全相同的场所来设置，而是依靠一个数字化的展示系统本身的呈现特征来专门地设立。它的基本配置方式如下表所示。

表 6-3：北宋皇陵数字展馆空间布局与功能设置

（总面积 110 平方米左右）

厅名	面积（平方米）	容量（人数）	展项	功能	内容	设备
演播厅	60	60	历史重现	播放专题片、动画片等，实景演出等	北宋皇陵历史演义	穹幕立体电影成套设备
虚拟现实厅	20	20	时空沉思	实现虚拟现实、增强现实、激光秀等	北宋历代皇帝的生平事迹	120度弧幕立体投影设备、激光秀设备、三维电子沙盘等
虚拟漫游厅	10	2	历史重现	实现虚拟漫游	陵区内部的空间环境及陵墓内部的空间环境	120度弧幕立体投影设备、地面投影设备以及3D头盔、眼镜等可穿戴设备
互动厅	20	4	问道古贤文化探秘	游戏程序、模仿动作与表情、软件与资料下载	可移动文物App、人物表情包	触摸一体机、背景抠像互动技术与设备、相应软件程序

下面具体介绍北宋皇陵数字展馆（馆内）数字化展项。

（1）"历史重现"数字化展项。主要用于展现历史大事件。基于遗址上的部分建筑或文物的三维虚拟还原、现场或异地的部分或全部场景还原，将建筑场景、历史场景还原与基于史实的故事再现、人物再现结合起来，通过数字化方式虚拟再现历史场景，尤其是再现与北宋皇陵相关的历史事件。使用的数字化技术有：虚拟现实、混合增强现实、全息投影、交互现实、多感可视化、激光秀等。

（2）"问道古贤"数字化展项。主要用于对历史人物的深度了解与互动，是基于数字互动软件程序技术的数字展项。如观众与北宋古人通过问答、演示、指引等方式实现人机互动，将观众带入到虚拟的历史场景之中，增强历史代入感，加深对特定遗址所传递的历史场景、情境、价值等的理解与认知。与"历史重现"相比，"问道古贤"更为关注互动性和局部空间。使用的技术形式主要有：电子游戏、App、互动投影、人机互动、音画 MV、人物表情包、姿势或表情捕捉技术等。

（3）"文化探秘"数字化展项。主要应用于可移动文物。通过制作基于 iPad 或手机播放的音画 App，以及与遗址、文物相关的电子导览，并通过二维码扫码获取语音解说等形式，对皇陵的若干重要遗迹或文物进行科普揭秘或艺术解读，帮助观众欣赏遗址、文物在考古学、美学、历史、艺术等方面的价值。使用的技术形式包括：App、专题片、音画 MV 等。

（4）"时空沉思"数字化展项。"时空沉思"项目是个综合性的数字博物馆项目。通过建立综合性的数字展馆或在实体展厅中开辟专门性的数字展厅来实现"时空沉思"，展厅内设置全景式环幕触控式电子高清显示屏，观众佩戴可穿戴设备，通过人机互动、虚拟现实、4D 体验等数字化技术形式，进入陵园相关的若干历史节点发生的大事件的场景之中，并与历史人物产生互动，达到对北宋文化整体性、全景性、全过程式的综合性认知。主要使用以下技术形式：虚拟漫游、虚拟现实、增强现实、激光秀、三维电子沙盘等。

三、网络展示技术

网上展览馆不同于陵区的官方网站，网站以其内部管理、对外服务和日常经营等功能作为主要的内容，而网上展览馆则指的是一个专门的网上艺术展示服务平台，在官方网站、微信或者公众号博文中都表示可以通过这个网站直接设立与网上博览展馆息息相关的展品链接或者地址，但二者的相关功能设定不可相互发生混淆。网上文物展览馆就是为远程用户在线浏览和欣赏北宋历代皇帝故宫旧址及其重要文物展品提供的平台，并且该平台同时有着网上互动和在线下载的多种功能。如下表所示。

表6-4：北宋皇陵网上展馆栏目分布与内容设置

栏目分布	技术形式	功能	浏览内容
实体博物馆虚拟漫游	分厅点击，全程无间断漫游	悬停、放大、回溯、导览、互动	各展厅展板、图片、文字、实物、艺术品、场景还原等
数字化展项点击浏览	点击、回应、载入、播放	根据遗址参观路线依次点击，观看相应的数字化展项（历史重现、时空沉思、问道古贤、文化探秘等）	和遗址相关的各类视频、动画、App程序、MV、游戏、虚拟现实场景、虚拟漫游场景等
在线互动	在线展项互动、游戏互动、参与设计等	集中能够在线互动的展项和游戏，开发适宜的互动形式，方便在线观众点击、回应、参与	北宋皇陵等情境游戏、表情包等设计游戏
资料下载上传	资料下载，资料上传	大容量服务器予以收集，专人整理并反馈	下载各类软件、视频上传与北宋皇陵文化相关的各类资料（图片、文字、音视频等）

四、数字化展示的基本程序

数字展馆致力于追求智慧化展示，实现科技与实物的无缝对接。数字展示系统方案应在整体上以寻求建立活态展馆为总体目标，将智慧展示作为活态展馆进化的初级阶段。数字展示系统方案应以习近平总书记"让文物活起来"

的指示为行动指南。习近平总书记的指示高屋建瓴，为我们指明了未来博物馆发展的大方向。

当前，博物馆的发展趋势正是创造条件让文物活起来，但具体进程并不相同，认识上也存在很大区别。绝大多数博物馆仍然停留在传统博物馆阶段，还是以实物和物理形态展示为主，许多遗址类文物场所尤其如此。少数博物馆正在综合运用数字化手段和互联网技术，力图让文物活起来，其中以故宫博物院和敦煌莫高窟为代表。故宫博物院在文物活化方面是典型代表，但其重点是在线传播，通过 App 等基于智能手机、iPad 一类新型智慧移动互联网终端的软件，利用故宫文物的独特优势，引领了文博圈的智慧化潮流，也让各类"故宫出品"刷爆了朋友圈。此外，故宫的虚拟漫游和智慧导览也卓有成效。莫高窟在实体文物保护和扩大参观人群之间找到了平衡，利用智慧化手段，如建立数字莫高窟和本地体验中心等方式，不但有效控制了进窟人群，在一定程度上加强了对实体文物的保护，而且在提升观众文物鉴赏水平，提高莫高窟知名度和神秘感、吸引力方面起到了意想不到的效果，是种较为成功的"饥饿营销"战略。

故宫和莫高窟是当前国内数字化展示的佼佼者，但二者目前都没有为业界提供或呈现一个全面系统的数字化展示方案。无论是故宫还是莫高窟，都仍然处于智慧博物馆的早期发展阶段。数字展馆的完善发展阶段应该有一个完整系统的数字化、智慧化展示方案，并且逐步实施，最终形成在实体文物展示系统之外的独立的智慧化展示系统，并且能够做到与实体文物展示互相补充、互相促进、无缝对接（技术和逻辑两个层面）。这是其他博物馆实现弯道超越、后来居上的着力点。同时，后来者还应有一定的超前意识，应该在构筑智慧展馆展示系统的同时，着力研究活化展馆的基本要素和核心特质，为数字展馆向活态展馆发展进化奠定基础，不断促进展馆展示系统的升级换代，其最终目标是实现人与文物（文物也是一种人，虚拟人，有历史故事和人文情感的社会角色）的深度互动，将历史的融入感体现在文物展览展示中。

北宋皇陵遗迹的数字化展示系统的设计思路可以分为五个大的环节：第一

图 6-3　北京中轴线纸艺模型数字化展示

图 6-4 探秘北京中轴线 VR 数字展

个环节是预研；第二个环节是策划设计；第三个环节是预实施与评估、反馈、修正；第四个环节是实施；第五个环是评估、固化、动态调整。

（一）北宋皇陵智慧化展示工作预研

在制订皇陵遗址数字化文物展示系统方案之前，对于展览项目的功能本体以及陵区遗址、文物、历史、人文、地理等多方面进行了全方位的分析研究，了解文物或展馆的基本功能定位、本体存在及后期展示的重要主题。

首先，要提炼皇陵的核心价值与特质，对北宋皇陵的数字化展示应该展示什么、传递什么，表达怎样的核心价值观、讲述怎样的中国历史文化故事、传递怎样的历史人文文化情感都成为应该确立具备明确的核心价值理念诉求与发展蓝图。这点是它与传统的物理化展示既有相同之处，也有不相同的地方。相同点在于任何一个优秀的展览展示必然有一个明确的主题，所有的文物、图片、文字、艺术品等都是为这个主题服务的，都是体现这个主题的。就像写文章一样，展示展览一定要主题突出、结构合理、逻辑清晰、论证有力。论证有力就是看文物有没有说服力，有没有震撼力，价值如何，这取决于文物的价值和影响力（所以才有文物的等级和影响之分）。文物当然是最重要的，是基础，而逻辑清晰、结构合理就需要策划者、设计者与文物和展馆管理者共同研究，制定文本或蓝图。无论是实体展示还是数字展示，在这一点上都是相同的。而且，如果说数字化手段和形式是"毛"的话，文物本身就是"皮"，"皮之不存，毛将焉附"？文物是主体、是本体，数字化手段和形式是为文物服务的，二者之间的地位与关系应该是明确的。

但与传统的物理展示不同的是，数字化展示有它的长处和不足，所以尤其需要提炼核心价值，这样才能形成倾向明显的引导性主题。数字化展示的长处是可以突破时空限制，一方面，它可以运用音视频（动画、微电影、专题片、App 等）、游戏、虚拟技术等手段去表现历史上或想象中存在的东西，并把它们具象化，从而实现历史的代入感，使观众在一定程度上回到或至少感觉到文物所处的时代语境，拉近观众与文物的距离，使观众能够更容易理解所要表现的主题，更真切地体验到文物的核心价值与特质。另一方面，数字化展示在传播上可以突破时空限制，除了在本地进行数字化展示外，例如在展馆内建立专门的数字化展厅或将数字化展项零散分布在各实体展厅内，还可以通过互联网向异地传播，部分数字化展示的成果，例如各类视频、游戏作品还可以远程异地下载。但同时，数字化展示的不足在于它具有即时性和局部性。与物理展示相比，许多数字化展示由于是基于声、光、电技术产生的，具有即时性，观众可能看了后面忘记前面，对历史纵深感的把握难以全面。同样，局部性也是数字化展览的一大缺陷，在这点上，实体展览有其优势，观众可以停留在馆内慢慢品味，并且可以回过来，反复比较，从宏观整体上把握。当然，通过点击、悬停、下载反复播放等形式也可以在一定程度上避免上述局限，但从整体上看，仍然无法完全避免。

因此，对于数字化展示来说，一定要能够在较短的时间内，在较狭窄的空间内，在这样的时空约束条件下，通过一定技术手段的辅助和艺术形式的选择，突破即时性和局部性的限制，充分地表现主题。这就需要对文物的核心价值和特质有明确的、深刻的理解，并达成共识，作为数字化展示的根本立足点和表现主题。同时，还需要结合数字化展示的长处和不足及其特点，迅速有效集中并且有艺术感染力地展现核心价值。当然，对于数字化展示来说，它所表现的文物核心价值是与实体展示一致的，是源于实体展示的。同时，它也要做一些改动：一是有针对性地表现某一方面的核心价值，只突出某一个点，而不一定像实体展示那样面面俱到。当然，如果是一个系统的数字化展示，也可以做得全面一些。二是要结合数字化展示尤其是声、光、电技术和互联网体验的基本要求，对核心价值的外在形式做一些必要的包装。

选取最适用于北宋皇陵的数字化陈列展示的表现方法。这种表现形式由两个主要的基本因素共同构成，一个就是能够提供设计和实现的科学技术手段；二是适宜的美学艺术表现。而且数字化的展示和其他物理方法的展示一样，都由一些重要的基本因素构成。但对于大规模的数字化陈列来说，想得好与做得到必须要有机地相互结合。进行设计的时候就应该考虑到技术接口和实施问题（包括可行性、资金成本、时间成本、后期维护成本等）。这种选择无论是技术选择还是艺术选择，都要能够将活态展馆的基本元素考虑进去，要以文物与观众两个维度为关照，实现文物（虚拟人、过去的人）与观众（实体人、现实的人）两个本体核心，并在二者之间建立互动对接体系。不能仅仅考虑文物，也不能仅仅考虑观众，只有以二者互动为基点，尤其是二者深度对话、沟通与交流，才能够为技术手段和艺术表现形式提供正确的行动坐标和路线图。这种技术手段和艺术表现形式的选择就是对设计者综合能力与素质的重要考验。同时，技术手段如何和艺术的表现方式实现完美的融合，也就需要整个设计团队和技术支撑团队进行充分的沟通和交流。通常的情况下，对于传统博物馆而言，在除了常规的各类文物实物展览、图像或者文字之外，还会选择一些创作的艺术品来进行辅助展示，如雕塑（浮雕、圆雕）、绘画（漆画、连环画、油画、国画等）、蜡像、场景还原以及音视频展项（如动画片、专题纪录片、微电影等）、互动性展项（例如游戏、体验装置）等。但是，在实体馆的展厅中，这些艺术作品一般仅仅是为了服务于特定的单个环节而举办的展项，它们之间的相互关联和一致性很有可能不受到重视。但是对于完整的数字化展厅来说，不同的艺术品的功能任务是什么，哪类主题选择哪一种艺术表现方式，需要深入研究。

同时，基于后期的在线传播，某种表现方式如何可获得、可传播，就很有研究的必要。还有一些刚出现的纯粹的多媒体展项（如互动游戏、App、大型互动体验装置等），会出现在线和本地两种不同版本间的协同问题等。从技术手段来看，增强现实、虚拟现实、激光秀、全息投影成像等技术如何与艺术表现形式融合与结合，也需要事先考虑清楚并设计路线图。

（二）北宋皇陵数字化展示系统方案的策划设计

就皇陵的数字化展示而言，其智慧化展示系统包括室内、户外、网络三个主要部分，但是如何合理分配这三个主要部分的数字化展项，则需要制订展示大纲，进行整体设计。

1. 制订展示大纲，即对皇陵的数字化展示制订出总体策划建议书。纲举目张，展示大纲是整个数字化展示的战略文本，和实体展览陈列一样，数字化展示同样需要一个完整的展示大纲。并且，相对于实体展示来说，数字化展示由于其形式多样，艺术表现形式差异很大，涉及多个学科，尤其需要有一个总体战略文本进行规划。只有有了展示大纲，才能从宏观上把握展示主题，才能正确选择展示手段与技术，并在此基础上，合理确定展示结构框架、表现重点等。

北宋重大历史事件应该设计成整个遗迹展现过程的主线。在制订数字化展示大纲时，需要以这些重大历史事件为核心或原点，进行多层级的展项开发，以求多角度、全方位地展现这一历史事件，通过数字化的方式将观众带回到过去那个年代，实现"历史的代入感"。

2. 制定出分展项目的创意和设计（脚本）。展示的大纲仅仅是一个整体性的框架，要想正确地贯彻展示的主题，体现其展示的效果，就必须在展示大纲所明确的主旨及其基本原则的前提下，分展项目落实创意和艺术设计。各种展项的艺术创意与设计必须因项制宜，根据需要表达的对象特征和实际情况，选取合适的艺术创造思路、技术途径、表现形式。在每一个分展项的创意与设计中，要将其内容和形式紧密地结合在一起，二者应该相得益彰，水乳交融，不能相互分离，形成"两张皮"。创意与设计建立在对历史文化的深刻了解、洞察和对特定艺术形式的精确把控的基础上，是创意者和设计者历经多年积累后才形成的。同时又需要针对具体的展示本体，具有一定的变化和变通，这种变化与变通在总体上要符合展示主题的需要，以便更好地表达整个展览的中心思路。

（三）制订技术方案建议书

想得完善不容易，做得到同样困难。很多时候创意先行，但在具体实施中，由于受到了资金、技术、场地、能力、内外部形势等多种原因的影响，好的创意最终有可能无法实现。这就必然需要把如何制订相应的技术计划和方案作为重要的环节来研究，这一环节其实在预研环节就需要包括进去。技术方案建议书的制订需要将宏观考量和近期可实施性结合起来，这需要做一些技术和市场调查，还需要考察现有的技术个案尤其是业内已有的成熟案例。

对北宋皇陵来说，在我们开展数字化的展示工作时，所需要的各种基础技术手段和条件并不充分地具备，无论是全息投影、幻影成像、虚拟现实、增强现实、激光秀、虚拟漫游还是动画片、app、电子游戏等，市场上目前都已经发布了相对成熟的案例和研究成品，以便提供广泛借鉴和采用。困难的地方还在于怎样进行选择，一个原因是现有的资金支持力度将影响到选择什么样的水平（高、中、低）的技术条件，其中包括了软件编程器和硬件装置等；二是不同类型或者多样性技术之间怎么能够做到兼容、和谐，不至于造成 1+1<2 的逆效果。

（四）设计分展项可视化效果图

创意与设计需要最终成功落地，特别是在创意阶段就需要与甲方交流，甚至需要获得甲方的认可，进行一次高度可视化的设计处理，并最终画出一个整体设计效果图。可视化效果图是一个半成品，它把创意设计方案直接展示了出来。通过绘制效果图，无论是创意者还是设计师都可以反复琢磨并且不断地修改整个展项的整体设计。对于北宋皇陵项目来说，在展示大纲和分展项设计中所策划的若干个不同类型的数字化展项项目应该如何通过可视化图形展现将是一个重要的研究课题。

（五）预实施与评估、反馈、修正

所谓预实施，就是各种类型的数字化展项都可以首先做一到两个样品，予以实施。然后对其进行内部考核评估，听取外部的反馈建议，再对其进行纠偏改正。北宋皇陵遗址上的数字化展示同样如此。主办方可以根据展览的大纲及"剧透"效果图，选择若干个不同类型的数字化陈列展项，通过先行实验的方法逐步向前推进。

1. 样品实施。样品的开发和实施是促进大规模、多元化的数字化展现所需要的必要步骤。所谓样品，就是先在某一类展项中选定比较容易开发和执行的项目，以相对较少的费用将其制造出来，供研究和实验使用，类似于战斗机开发过程中的"原型机"。通过样品实施，可查找到有关待用展示技术的成熟度、展示艺术的感染力、制造与实施工作过程中的复杂度与时间、资金成本等各个重要的指标，以便于为下一步的决策工作提供参考。就皇陵数字化项目来说，在虚拟现实、虚拟漫游、App、动画片等不同类型的展项中，都可以根据难易程度选择一项制作样品，这些样品可以被放到博物馆或遗址的现场中，接受观众的检验，从而不断发现问题，为后续大规模制作积累经验。

2. 内外评估。样品的制备完成后，必须对其进行内外的评估。唯有通过经受内外尤其是来源于参观人员的检验，才能找到其中的不足。接收评估是成熟的数字化展示方案的必由之路。北宋皇陵的数字化建构正好利用数字化建设的机遇，制作 5~8 项不同形式的数字化展项样品，既可以补充实体展览和现场展示的不足，为文化遗产加分，也可以加强宣传，吸引更多的人群关注、认识和了解皇陵的相关文化。

3. 样品修正。各方面的意见汇总后，由产品设计方和制作方对样品进行及时修正，在修正的基础上，形成一整套未来正式投入生产同类产品所必须要求严格执行的质量标准规范或生产工艺操作流程，这样就尽可能少走弯路。从皇陵的环境上来看，虚拟现实、虚拟漫游、App、动画片可能是几个主要的数字化展项，通过样品修正，可以对每一种形式的展项提炼出标准流程，为后续同样类型的展项奠定基础。

（六）北宋皇陵数字化展示系统的实施

实施，尤其是大规模正式展览项目和系统的实施，是整个现场数字化展示系统的重要核心和关键环节，前述三个环节都被认为是对最终的实施计划做基础铺垫和提前预热的。但实际上，如果前期的准备工作做得比较充分，这一个关键环节恰恰又是最简单的。

根据设计方案实施北宋皇陵数字化展示系统各展项。这个解决方案的具体实施就是依据已经成型的创意设计策划、文字设计脚本、正式设计的产品效果图及行业标准技术规范和流程四位一体进行成建制的批量化生产或制作。例如，对于北宋皇陵来说，虚拟复原可能有 2~3 个展项，如北宋皇陵的神道、建筑、损毁的石像生等；虚拟现实则会更多，尤其是实景与虚拟场景结合起来，才能真实全方位地反映历史环境，使人有身临其境之感；而像 App、动画等也有若干个展项。其中，有一些展项从原材料、角色绘制、叙述话语等方面来说，可能是相同或者是类似的，这就有利于成建制标准化地实施。

（七）验收、固化、动态调整

任何项目都是在不断地验收与固化中完善的。数字化展项实施后，在约定的时间内，需要进行验收、固化并动态调整，这一环节是项目质量精益求精的保证。

1.验收。数字化展项经过一段时间的试运行后，各项技术指标基本稳定，可以申请验收。验收应根据设计参数进行最大负荷试验，以保证博物馆在可能面临的峰值客流时也能自如应付，对网上展项来说尤其必要。

2.固化与推广，形成经验与模式。数字化展项顺利通过各类负荷试验，并经过较长时间（至少是一年）的运行后，可以对原有设计、实施流程进行固化，以便形成经验与模式。任何一个项目都是在不断的检查验收和固化中得到完善的。数字化展示项目正式实施之后，在约定的时间内，需要进行验收、固化并动态调整，这一个重要环节就是项目质量精益求精的根本保障。

3. 动态调整和升级。固化并非僵化，数字化展项的保鲜期要比实体类的展览更短。一般而言，历经三年，无论是信息技术的进步和发展，还是人们的理念转变，都会推动数字化展项进行动态性的调整乃至升级换代。这就要求设计制作方与馆方能够一起定期地对数字化展项进行技术上的更新、维护，并根据大数据监测的结果，及时了解受众的喜好和最新的需求，对展项进行动态的调整，必要时候进行升级换代，以便于保持其新鲜感，持续地吸引参观人群。

第七章 北宋皇陵文化遗迹数字化传播方面的技术

联合国教科文组织设立世界文化遗产名录的主要目的是更好地保护文化遗产，进而传承和发展文化遗产中承载的历史内涵、文化内涵和核心价值。只有通过适当途径传播世界文化遗产，让越来越多的人知道、关心并喜爱它们，才能更好地保护、传承并发展这些文化遗产。北宋皇陵具有丰富的文化内涵和鲜明的核心价值。进入信息化时代以来，以互联网作为基础的大规模数字化服务平台成为保护、传播、弘扬和发展世界优秀文化遗产最重要的途径之一。如果我们说中华民族文化遗产的历史是"第一空间"，而其当下是"第二空间"，那么，文化遗产的大规模数字化传播就应该是一个亟需拓展和建设的"第三空间"。在这个信息化的时代[①]，要保护、传承和发展北宋皇陵所承载的历史内涵、文化内涵和核心价值，势必要走数字化传播之路。本章将从多个方面探索北宋皇陵的数字化传播。

"一切事物都是变化发展的"，信息传播平台也不例外。官方网站已经结束了 20 年前一家独大、一枝独秀的局面，官方微博和微信公众号近年来异军突起，目前已经基本形成了官方网站、官方微博和微信公众号"三足鼎立"的新格局。三者均借助于网络平台，但三者之间差异明显，各具优势。

官方网站着重对北宋皇陵的保护、展示等相关内容进行了整体介绍，历史

---

① 白国庆，许立勇.大遗址的数字传播与城市文化空间拓展[J]. 深圳大学学报（人文社会科学版），2016（2）：50—54.

钩沉，通情要揽，文物撷英，研究工作开展，业务指导，以及互动下载。官方微博主要负责扮演北宋皇陵的电子新闻发言人的角色，与陵区密切相关的权威新闻和重要的通知等均在其官方微博系统发声。微信公众号主要是通过更加广泛的大众化、平民性的方式来吸引青少年群体和广大普通人民，其特点并不是大而全，而是少而精、少而新，主要的任务就是及时向受众推出北宋皇陵活动中的精华项目，并及时向受众收纳、反馈受众信息，实际上这也就是皇陵与受众之间的一个互动平台。本章主要展示官方网站、微博、微信公众号和 App 设计的总体思路和重要原则。

一、官网设计

（一）官方网站的功能与定位

在这个信息化时代，官方网站"飞入寻常百姓家"后，其地位与作用并没有明显下降或受到弱化，依旧在推广品牌形象、宣传企业文化、发布官方的联系方式、提供客户服务、网上销售等各个方面起到了重要作用。正因为如此，绝大多数公开团体有自己的官方网站。

与北宋皇陵网站设计思路不同的是，网上展馆主要是通过三维扫描、航拍、虚拟现实等数字化技术采集数据，通过文字、图片、视频、虚拟动画、三维图片、3D 动画等多种形式，形象、逼真地把相关信息展现给观众，具有非常强的带入感和沉浸感，因此网上展馆是保护和传承文化遗产的重要手段和平台。

建立官方网站的主要目的并不是获取经济利益，但是与诸多商业团体的官方网站一样，要向广大网民推广北宋皇陵这一文化遗产，发布与北宋皇陵有关的权威信息，并为广大游客、研究者提供各类视频、音频、文献资料，以最终更好地保护、传承和发展北宋皇陵的历史文化及其承载的历史内涵、文化内涵和核心价值。

图 7-1　辽宁省博物馆官网

图 7-2　巩义市人民政府官网

（二）官方网站的域名申请

域名（domainname），是由一串用点分隔的名字组成的，internet 上主要提供了一个允许用户访问某网站或网页的路径，用于在数据传输时标识计算机的电子方位（有时也指地理位置）。国际域名管理机构是采用"先申请，先注册，先使用"的域名管理服务方式，而网域名称只要缴纳额度不高的注册年费，只要持续注册就能够持有域名的使用权。"域名申请"为了能够保证每个网站的注册域名或其网站访问地址是独一无二的，需要向统一负责管理网站域名的机构或组织注册或备档。也就是说，为了有效确保网络安全和有序性，网站在建立之后为其绑定一个完整的且全球独一无二的网络域名或访问地址，必须向全球统一管理域名的机构或组织去注册或者备档后方可使用。由于域名是网站必不可少的"门牌号"，域名已经可以被广泛应用于：网站地址的访问、电子邮箱、品牌保护等多种用途，所以许多企业或者个人通常都会进行域名申请。

北宋皇陵要建立官方网站，首先要申请域名。域名申请的首要原则是方便好记，方便好记的域名更利于网站推广，最好是"北宋皇陵"或"北宋皇陵文化"拼音首字母的缩写（www.bshl.cn 或 www.bshlwh.com）。

（三）官方网站的设计思路

北宋皇陵官方网站的核心和关键是要牢牢把握住栏目及其网站内容的丰富性、科学性和趣味性。从北宋皇陵的文化遗产的性质以及其现实情况来看，可以设计以下六个栏目。

第一，行政板块。北宋皇陵管理单位是直接负责北宋皇陵运行的行政机构，与北宋皇陵相关的权威信息均由它发布。此栏目除发布权威信息这一核心任务外，还可以介绍管理机构的领导班子概况、机构组织等。

第二，学术板块。这一栏目主要包括三部分内容：一是收集迄今为止所有

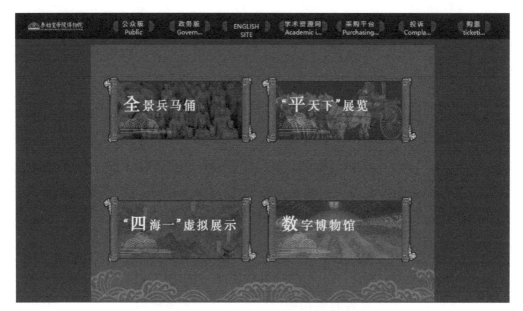

图 7-3　数字秦始皇陵博物院官网

与北宋皇陵相关的科研成果；二是展示与北宋皇陵相关的文献资料；三是其他内容，如北宋皇陵的最新研究成果等。保护和传承北宋皇陵文化，上述资料都是基础材料，没有这些资料，上述工作无法正常进行。

第三，视图板块。为了更好地保护北宋皇陵，中华人民共和国成立以来，尤其是改革开放后，各级政府采取了大量保护措施，其中包括拍摄的照片及各类纪录片、宣传片等影音和影像资料，此外还有视频资料等。图像和视频资料承载的信息量和趣味性远强于文字，因此，设置视频栏目，既能为宣传北宋皇陵提供大量材料，也能为保护和传承北宋皇陵的历史文化提供重要的依据。

第四，虚拟板块。皇陵兴建于一千多年前，损坏严重，难见其历史全貌，游客到北宋皇陵遗址参观，也无法看到一千多年前北宋皇陵的生动原貌。通过在软件上建模和虚拟现实技术，增强现实技术，可以在现实中复原部分细节，还可以通过三维动画或影视资料还原部分教学场景。借助修复后的图片、3D 动画等形式，可以使游客更直观地了解北宋皇陵文化，进而更好地传承北宋皇陵文化中所蕴含的传统文化精神。

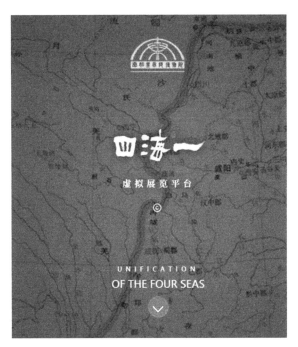

图 7-4 秦始皇陵"四海一"虚拟展示平台

第五，趣味板块。增加网站的趣味性是吸引游客、推广传统文化价值的途径之一。可以借鉴《博物馆奇妙夜》《大圣归来》《西游降魔》等电影的思路，通过戏说、另类解读等方式，使北宋的相关历史人物活起来、动起来，例如电影《博物馆奇妙夜》中的所有文物，包括动物化石、器皿都拟人化，即都能走动、说话甚至还有感情。

第六，旅游板块。北宋皇陵已经是巩义市重要的旅游文化名片，把北宋皇陵打造成精品景区，既能直接带动地方经济发展，又能间接增强巩义市的软实力，此外还能让更多的游客进一步了解巩义历史、皇陵的建筑艺术，感受传统文化的强大魅力。这一栏目将包括北宋皇陵主要景点、美食、住宿、门票、气候、最佳旅游季节、最佳旅游时间等。

二、微博设计

微博是微型博客的简称，其实质是博客。当一个用户在微博发布视频

图 7-5　2012—2018 年中国微博用户规模及使用率情况

图 7-6　2012—2018 年中国手机微博用户规模及使用率统计

时，不必再需要单独一人坐在一个平板或者移动端前，通过连接网络的移动设备如智能手机连接即可发送微博视频或者文本、图像。其具有 4A 元素（Anytime、Anywhere、Anyone、Anything），其主要技术特点分别是视频文本内容碎片化、半广播半实时交互、自定义媒体、草根化、个人化属性和用户隐私话语权等。^①微博网络发展高峰期是在 2010 年前后，据相关统计资料数据显示，2018 年前两个季度，微博用户规模约合计为 3.37 亿，与 2017 年末规模相比有小幅度提升，同比增长 2140 万，在当年网民数量中，微博用户量的占比首次达到 42.1%。而在发展移动端微博这一重要领域，数据机构统计资料分析显示，2018 上半年同期中国微博移动端用户注册量大约为 3.16 亿人，比 2017 年末增长 2923 万多用户，占全年移动端用户总数的 32.6%。近年来，随着手机技术的不断智能化以及网络信息处理技术的迅猛发展，人们对于使用移动智能设备依赖性程度不断加深，更多人们的生活日常、社交娱乐均离不开手机的支持。2018 前两个季度我国移动端微博用户量达到 3.16 亿人，目前为止我国微博总用户量超过 3.37 亿人，占比高达 93.5%。^②

目前，在以微信为代表的社交平台的冲击下，微博用户虽有小幅度变动，但它现在仍然是重要的社交平台和信息发布平台。鉴于微博迅速的传播速度和巨大影响力，很多团体和机构纷纷建立了各自的微博，经过认证后建立其官方微博。

官方微博的注册与认证相对简单容易，注册并认证北宋皇陵官方微博后，其余工作主要是日常管理与维护。北宋皇陵官方微博的日常核心工作主要有两项，一是及时发布权威信息，包括陵区管理方在行政、科研、景区建设等方面的最新动态，对于某些重要信息可以置顶。其次是及时与粉丝互动。建议官方微博及时回复粉丝在微博上的留言，多与粉丝互动，以增加微博的人气。

可以增加皇陵官方微博的学术性。除了发布陵区的美景照片外，还可以

---

① 孙卫华，张庆永 . 微博客传播形态解析［J］. 传媒观察，2008（10）：51—52.

② 中商情报网，2018 上半年中国微博用户数据分析：全国微博用户数达 3.37 亿，https://baijiahao.baidu.com/s id=1609401912415005663&wfr=spider&for=pc

图 7-7　河南博物院微博（网页版）

把遗迹中较为珍贵罕见的航拍图上传到微博。同时，也可以上传、分享与北宋皇陵相关的最新研究成果。目前有很多学术性的微信公众号，但学术性的微博号较少，可以在微博中增加学术性，多发布与北宋皇陵学术相关的微博，逐渐形成北宋皇陵官方微博的特色。

图 7-8　河南博物院微博（手机版）

还可以增加微博的趣味性。如经常发布充满正能量的励志名言、养生之道以及生活常识等。要进一步增加北宋皇陵官方微博的趣味性，可以在上述工作的基础上适当增加视频链接。如把已有的关于北宋皇陵文化的视频剪辑后，分成小段发布在微博上，也可以把三维动画、虚拟动画视频资料发布在官方微博上，供广大粉丝观赏。

在增加北宋皇陵官方微博和粉丝的互动方面，可开展北宋皇陵"十大美景""北宋皇陵十大文物"等评选活动，由网民在微博上投票评选，从中随机抽选若干幸运网友给予一定奖品，如北宋皇陵相关纪念品等。这同时也可作为宣传北宋皇陵文化的精品内容。

三、微信设计

微信（wechat）这款社交软件是中国腾讯公司在 2011 年 1 月 21 日正式发布并首次公开推出的一款专门为移动终端用户免费提供实时移动通信服务的自由式免费通信软件。微信不仅支持跨通信运营商、跨不同行业移动操作系统和跨平台，使用户通过移动互联网迅速向全球各地免费发送（但必须注意消耗少量的移动网络流量）语音、文字、视频、图像、文件等，同时，也可以允许手机用户直接通过微信分享实时位置，并且支持使用"朋友圈""摇一摇""公众平台""语音记事本"等服务型插件。微信推荐使用手机号注册，并支持 100 余个国家的手机号。2019 年 1 月 9 日，微信公布了 2018 年的一份年度统计数据分析报告，其是当下移动终端的社交软件的巨头，每个月的活跃用户规模维持在 10.8 亿左右，每天大约有 450 亿条实时微信消息在进行传输，4.1 亿条语音视频信号连接成功，视频通话呼叫量比之前增长 5.7 倍。此外，大众已经开始习惯使用 QQ 和微信，过着更加便捷和智能的社交生活。使用微信平台进行出行的乘客也有了大规模的增长，据统计数据显示，其数量是去年的 5.7 倍；同时，微信支付平台的用户量也大幅提升，约为去年的 2.5 倍；使用微信进行餐饮消费的用户是去年同期的 2.7 倍；在医疗方面，大众使

图 7-9　颐和园、明十三陵、巴金故居、潞河中学等微信公众号

用微信进行门诊等费用的支付量也出现了较明显的提升，是去年用户数量的3.9倍，微信俨然已经成为庞大的社交帝国。

微信用户的快速发展、大量活跃用户的存在，为微信公众号的推广和普及奠定了坚实的用户基础和市场基础。区别于官方网站与官方微博，微信公众平台具有其自身的特点。微信公众平台的用户黏性高、忠诚度高，如果运营的公众号具有一定的质量保障，用户不会轻易取消关注公众号，并且还有可能随着使用时间的延长，用户会逐渐增长。如果运营良好，用户还可能呈直线增长。因此，目前很多团体尤其是企业和媒体均推出微信公众号，同时，很多非营利机构也顺势而为，如颐和园、明十三陵、巴金故居等文物单位也推出其公众号。

与官方微博一样，官方微信公众号的申请也不复杂，但要运营好北宋皇陵的微信公众号需要把握以下几个核心原则：

第一，时效性原则。所谓的时效性原则就是指对公众号内容的时效速度和更新周期。时效性强的微信公众号受到关注程度要高于时效性弱的微信公众号。目前已经有很多微信公众号推出后，除了前期的高频率推更，随着时间的推移，更文越来越少直至完全停更。如同在微博中拥有许多"僵尸"的用户，即开通微博后几乎不再使用，微信公众号中同样有许多"僵尸"用户，他们申请公众号可能是出于一种"赶时髦"的心理，对公众号的实际作用并不清楚或者不注重公众号这个宣传平台。这类公众号的推出实际效果甚微，甚至还可能因其时效性弱而给用户留下不好印象而最终产生负面作用，前功尽弃。

第二，精品性原则。所谓精品性原则就是指在公众号上发表的文章或者信息需要具备一定的权威性、可读度，并且具备较高的点击率，确保所发表的文章或者信息皆含有一定的收藏价值和推广作用。目前在我国已经上线的微信公众号不计其数，如果公众号上的文章或信息质量难以完全达到用户的预期值，很可能会被用户取消关注，即使没有取消关注也可能会降低阅读次数，影响文章或信息的点击率，最终影响宣传效果。

第三，多样性原则。所谓的多样性原则就是指公众号发表推文时，要走一条多样化的道路。在内容设置方面，既要涵盖历史文化、传说故事、秀丽风景，又应适宜地超越以前的内容，推广诸如学术会议的概况、最新的科研成果或者最新时事热点等。此外，也需适当地推广一些与北宋皇陵职高属性质相同或者较近的有关文章，内容应使用户易读、易接受、趣味性强。就其表现形式而言，除了采用传统的文本、图片等单面方式外，还可以适当推出一部分视频或 3D 动画，以丰富公众号文章或信息的表现形式。只有跳出文化遗产本身反观遗产，走多化样之路，才能吸引越来越多的用户关注皇陵的公众号，最终达到推广北宋皇陵文化，进而保护、传承和发展皇陵历史文化的目的。

四、App 设计

5G 的快速普及和飞速发展，一方面正在彻底地直接改变着社会大众的学习、工作生活，另一方面也正在扭转各个行业前进方向和发展方式，文化遗产、旅游业在信息化影响下同样如此，App 移动网络技术就是在此影响下应运而生。近年来，随着智能手机以及移动智能终端的高速发展和推广应用，各类历史文化遗产、景点名胜古迹的 App 俯拾皆是，如每日故宫、颐和园旅行语音导游、听游圆明园。重要的历史文化遗产、著名的历史文物和其他知名旅游景区都已经使用 App 进行推广，其已经如一股洪流，是当今时代的发展趋势，北宋皇陵同样需要适应这个大趋势、大潮流。制作相关 App，同时需要注意以下几个问题：

首先要确定北宋皇陵 App 的主题与功能。陵区融合了人文景观和自然景观，涵盖了教育、历史、民族精神和建筑等诸多内容，但就其核心要素而言，是古代皇家陵园的典型代表和开端。北宋皇陵方面反映了中国皇家陵园营建的智慧，另一方面，北宋皇陵又折射了中华民族博大精深的文化内涵，这是北宋皇陵 App 要表达的主要内容。

一般而言，一款旅游景区文化遗址 App 的用户界面大致应该包含以下几个方面：分别是景区概况、旅行者景区指南、旅行者景区信息列表、旅行者

图 7-10 "每日故宫" APP

景区攻略四个基础性的栏目，除此之外，则根据不同旅游景区的文化遗址所具有的特征来设计一些能突出自身特色的项目。具体到陵区概况主要是介绍北宋皇陵的基本情况，北宋皇陵的价值与意义。景点列表是北宋皇陵 App 的核心内容。景区导游主要是通过地图形式介绍遗迹的分布情况和游览路线。景点攻略的主要内容是门票、交通路线、美食、住宿等。特色栏目可以设北宋皇陵建造及其场景的三维动画等。

第八章　北宋皇陵文化遗迹数字化社会服务方面的技术

十九大报告指出，我国社会主要矛盾已经转化为人民日益增长的美好生活需要和不平衡不充分的发展之间的矛盾。随着我国互联网＋以及数字化经济时代的到来，新兴的信息科技与我国传统优秀文化进行了有机融合，公众接受传统文化信息资源的方式途径也随之发生了很大的变化，优秀文化遗产的公共服务的文化难以完全满足大众多样化、个性化和深层次的心理需求，亟须利用互联网＋以及数字化时代的信息共享技术与服务平台等来推动传统文化遗产与其他社会公共服务在供给侧的一系列结构性的新变化。高供给以不断提高文化服务资源品质和运营效率作为其服务战略发展方向，实现文化服务品质的精准化和高供给，用现代数字技术推动历史文化遗产和社会服务资源供给的快速有效衔接，让民众享受更有品质的生活。

一、数字化信息检索服务

信息革命已经拉开了这个新时代的帷幕，人们的生活正在朝数字化方向发展。一般而言，将所有客观的事物（包括信息、信号）都抽象、转变成一系列的二进制代码，形成"比特"（例如数字0和1），并对其他事物进行加工、存储、处理、表现、展示和传递的一个过程就是数字化。此类产品具有跨越时空、虚拟性、拷贝成本低等特征。数字化技术可以用来实现图文音频声像和数字信息之间的相互交换，能够更简单有效地进行修改、编辑、储存和删除数据资料信息，并可以实现对大量的数字信息资源高速传递、快捷精准的检索和跨越时空的共享。公共文化资源与服务领域的数字化主要是以充分满足社会公众基本的文化需要为主要服务目标，各类公共文化机构包括图书馆、文化场所以及博物馆等，通过三维技术、虚拟现实技术、数字影像技术、多媒体信息技术、数字内容管理与发布技术、3S 技术（RS 遥感技术、GIS 地理信息系统和 GPS 全球定位系统）和宽带网络技术等数字化重点技术，对公共文化资源进行数字采集、处理、保存及管理，并且依托于网络云计算平台与实体空间的设备终端，实现公共文化资源与服务的综合利用和传递共享。

因此，所谓以互联网和数字化提升文化遗产社会服务的精准度就是说通过互联网和数字化的技术，实现各类文化遗产信息资源的数字化，并且依托互联网和云平台，以社会公众的文化需要和信息为导向，精准地服务文化领域，从而实现公众需求对接和服务的精准供给。

根据《文物保护法》和《文物保护法实施条例》的要求，北宋皇陵文化遗迹已初步建立起"四有"档案（有保护范围、有保护标志、有记录档案和有保管机构）的基本框架，对资料档案进行了广泛收集、系统归纳、科学分类，并依托遗产监测预警管理平台，及时将纸质档案资料电子化后录入了平台，为加快实现监测管理平台的档案数字化信息检索打下基础。在北宋皇陵遗迹的相关资料和档案的保护和整理过程中，首要任务是把一些可以集编入库的资料都以数字化形式保存下来。数字化的信息积累了大量的知识，保存了人类的文化遗产。随着时间的脉络，实现了不同时空之间科学、文化的传承与发展；在不同空间的快速传递，促进了同时空人们的信息、文化、技术的互动与交流，拓宽了人们的视野，促使新知识的产生，是社会发展的助力剂。

在尽量把信息都集编入库以后，运用现代化手段做好信息集编入库的储存和交流工作，如运用声像型文献（也称视听型），使用电、磁、声、光等原理、技术将知识、信息表现为声音、图像、动画、视频等信号，给人以直观、形象的感受。相比文字信息而言，人们更乐于接收视听信息。文化遗产利用数字化技术保存相关信息，并借助网络传媒有效传播，将对自身永久传承、信息便捷检索起到积极作用。

二、数字化信息报道与发布服务

21 世纪，各种传统媒体的新闻信息均已实现数字化。报纸信息数字化的基础是计算机技术和激光照排技术。利用这些技术，文字、图片等信息被录入到计算机中，利用电子排版系统进行组版，再通过激光照排机输出印刷制版用胶片。数字化后的文字与图片信息保存方便、传送与发布渠道灵活、检索简单快捷。广播电视的数字化，首先，体现为节目信号从模拟信号转变为可用计算机处理的数字音频信号与数字视频信号，数字化信号比模拟信号质量更好，处理、复制、传输更为方便。其次，广播电视的数字化还体现在信号传送方面。数字化广播电视信号不仅可以通过卫星等设备传送，还可以通过计算机网络传送。通常数字化的广播电视信号传输时采用压缩技术，这样可以大大提高信道的传输能力。例如，卫星上的一个转发器只能传送一个模拟频道，但能传送 6～8 个数字频道。广播电视的数字化还包括数字化的接收设备，如数字电视等。

北宋皇陵的数字化信息发布可以参考地方报业集团的做法，成立"全媒体新闻中心"，建立完整的采编人员队伍，该中心应该是由文物主管部门和陵区管委会共同组织和管理，负责陵区内部所有事件的策划、编辑和发布。稳定的采编队伍将一改之前片面、单一的数字化报道，形成灵活、多变的数字化信息服务平台。

三、数字化信息咨询服务

第一，对信息咨询服务方面内容的深入。目前，信息源的数量和种类已经日益丰富，载体的形式也愈加广泛，用户正在努力应对各种复杂多变的信息资源使用环境，信息顾问因此接到的求助也越来越多。为了更好地满足用户的需求，从事咨询要依托丰富的个性化信息资源和先进的检索工具，运用信息整合和检索方面的技能，提供丰富多样、实用有效、内容充分且已经被整合完善的个性化信息。因面临着一定数量的咨询服务业竞争对手，陵区公众号在向游客提供各种信息咨询等服务时，首先需要对已经拥有的信息资源进行深入的、多维度的整理，加工形成类似于简报、顾问报告、课题探讨等二次性的文献，其次也可通过创建技术库为读者提供一个分类化的网上资源。此外，系统还可以依托大量的相关专业知识资源和高素质学科人力资源，对搜集到的前沿动态、科研成果、关注焦点等专业性信息实现资源整合，为其他用户提供一些可靠的信息。拓展后的服务内容应当包括：陵区线路、学术知识、空间布局等事实性服务。其中，事实性的咨询服务就是过去常见的咨询服务，问题的答案由咨询人员提供；专题咨询服务也就是说根据用户某一个专题的需要，整合相关资料，提供给那些有需要的人；定题服务即是指针对使用者特定的研究课题，持续主动地为使用者提供最实时的相关资料的贴心服务；用户培训服务就是为用户提供对于信息资源的利用、检索技巧以及使用者的信息素养等各个方面的服务。

第二，应积极运用各类现代网上信息科技和服务平台，开拓和创新网上信息顾问服务手段和方式，提升网上信息顾问服务水平。由于现代信息咨询客户的一般心理都是他们喜欢通过省心、省时和省力的简单方式获取信息，因此陵区应该向外扩展，利用多样化的信息途径和渠道积极地融入咨询客户的信息沟通网，直接采取网络导航、信息主动传递、实时在线咨询等手段，以便捷、直观、生动的服务方式吸引咨询游客的注意。

第三，针对广大用户的多元化信息需要，可以持续地开拓对应的信息顾问服务新战场。目前，国家的信息化建设进程正在不断地往前推进。北宋皇陵可以充分利用自身资源，巧妙地弘扬宋文化的生活理念，为相关社会公众提供信息和咨询服务，传递最新的人民群众生活资讯、文化创意商品的销售资料或者是艺术发展趋势的各种资料，从而改变陵区经费紧张的现实状况。

四、数字化网络信息服务

北宋皇陵数字化网络信息服务是从保护、传承和弘扬宋代文化的高度进行保护、开发和利用这一文化资源。在对信息使用者及其对数字化信息需求分析的基础上，要深入地研究一种面向用户的北宋皇陵数字信息资源的组织，数字信息服务业务体系的构建、数字信息资源的共享、信息技术的整合，探索基于用户数据的数字信息服务交互机制，以现代数字信息服务的组织原理和方法，在这个面向知识技术日新月异的现代社会发展中，对北宋时期皇陵的社会化、集成式和个人化的信息服务提供了推进战略。

首先，基于史实，在互联网平台上扩大宣传力和影响力，讲好"大宋"故事，借力宣传部门、文化和旅游部门，扩大对宋文化的宣传，如办论坛、开讲坛、做书坛等，传播宋文化生活智慧，使北宋皇陵的历史价值、文化价值、艺术价值、旅游价值在回归"宋文化"生活方式大角度得到凸显。

其次，完善推介工作，在互联网平台上打造北宋皇陵大文旅品牌。利用考古及现代科技手段，借助新媒体、实景演出等艺术手法，演绎宋陵的"黄河故事"，比如开国皇帝赵匡胤家喻户晓，其永昌陵正在修复中，可重点打造实景演出"黄袍加身""杯酒释兵权"等故事，把游客吸引进来，将宋朝名臣寇准、包拯、杨延昭（杨六郎）等的故事在网络虚拟空间展开讲述。

再次，在互联网平台上建设虚拟现实版皇陵遗址公园。由于宋陵面积广大，又都在田野，除个别陵园建成公园，大都在农民田地里，遭受风雨等自然环境破坏和人为破坏，全部回收需要巨额资金，可能性不大。所以把宋陵陵墓群农耕区域进行数字化重构，建设虚拟现实版的宋陵遗址公园、宋陵生态保护园或宋陵郊野公园，让人们不受时空限制，随时随地可以自由体验宋代文化，这样耗费资金数额小，还能更好地保护宋陵文物。

最后，要明确数字化网络信息平台建设的目的也是使保护、利用和管理工作都更加便捷高效，并且提高信息共享和利用的程度。数字化网络信息平台的核心是信息服务系统，在公共网络的支持下，各个部门之间有了一个协同办公的环境，对建设办公自动化系统带来了很大的便利。

第九章　北宋皇陵文化遗迹数字化应用的展望

　　数字经济被认为是随着人类社会进步而出现的一种崭新的经济形式，现已逐渐成为推动世界各国经济发展的一种新动能，在当前全球各国经济中一直占据着重要的位置。不少地区的企业都在积极发展自己的数字经济，全力争夺数字化高地。相比于以土地、劳动力和资本等作为其关键生产要素的现代工、农业经济，数字化经济的优势之处就是以大量的数据为其关键生产要素，提高生产率和优化市场经济结构的关键助力剂就是高效运用网络和信息技术。

　　近年来，中国的数字经济快速发展。相关统计数据资料分析显示，2017年，我国数字经济规模跃居世界第二，金额高达27.2亿元，占国内生产总值的32.9%。随着当前移动大数据、云计算、物联网等信息时代新产物的出现及发展，人工智能技术被应用到不同领域，数字化服务经济与我国传统服务行业已经开始有了较为深入的融合，成为国民经济持续增长的一股强劲驱动力。与西方发达国家不同，我国的数字经济在发展过程中具有自身显著的特征，即当我国尚未基本完成工业化、城镇化和现代农业的现代化时，信息化就出现了。"四化同步"正处于当前我国数字经济快速发展的时代背景下，既给我国数字经济的发展带来了巨大的挑战，也给我们带来了空前的机遇。信息化的快速进步被人们认为是时代发展重要的推动因素，它将推动我国经济用二三十年发展时间完成西方发达国家历时两三百年所达到的现代化、城镇化和工业化，而推动经济发展的重要驱动力就是数字经济。

　　以信息化驱动现代化，加快建设数字中国，是贯彻落实习近平同志网络强国战略思想的重要举措。把握好数字经济发展机遇，需要我们充分利用我国得天独厚的数据信息化来驱动现代化，发挥好数据这个关键技术生产要素的带头作用，推动我国供给侧领域结构性优化改革不断地深化。与农业经济、工业经济时期生产端的规模驱动效应不同，数字经济在其需求端时会表现出很强的商业驱动效应，用户量越多，产生的数据量也就越大越丰富，数据的潜在应用价值也就越高。目前，我国互联网的全球普及率已经远远超过了世界平均水平，拥有着世界上数量最大的网民，产生了海量的消费端数据以及企业端用户数据，现在已迅速发展成为世界上最大的互联网消费市场和最大数据信息资源的国家，为未来在我国继续发展数字经济提供了巨大便利。正是在这一背景下，北宋皇陵的数字化资源有着巨大的发展前景。

一、搭建学、研科研平台，促进学术资源与数字资源接轨

北宋皇陵进一步推进学、研、产、用一体化的基本工作思路，就是要坚持以政府为主导、以市场为主体，以学校为主位，打造数字产业链，形成战略性新兴产业。工作抓手就是要突出"学、研、产、用"四个环节。其中"学、研"平台的搭建至关重要。

（一）学

围绕数字化产业的发展和人才培养，加强对传统优势学科及其他相关专业的建设，促进各个学科之间的交叉与融合，不断完善各学科框架。加强对教育人才的培养；扩大校内外数字信息产业人才培养实训和研究基地，提升大学生综合素质、理论实践能力；提高数字信息化专任老师的教学水平，完善专职人员队伍建设；发挥数字信息化教育的课程优势，为其培养出一批优秀的数字信息化产业人才，创建一个高水平的师资队伍。尤其是要重点加强宋

陵周边地区高校的相关文化遗产数字保护专业的建设，通过设置专业、引进高级人才、建立资源档案等系列措施，创造一个能够自主循环的针对北宋皇陵的数字化保护和利用人才培养基地。

（二）研

围绕数字产业发展需求，针对性开展数字产品研发，主打"宋文化"生活品牌，构建数字产业创新联盟，与企业联合开发、创新数字产业的项目、品种、技术。实施数字产业技术创新专项，着力在研发和转化上下功夫，做大做强文化数字产业。北宋皇陵应依托其历史文化资源及数字化信息技术平台，吸收顶尖力量，通过针对宋陵的历史研究、文化研究、美学研究、设计研究、造物研究等多方面，组建一个以宋文化为纽带的研究联盟，积极引入数字化技术辅助手段，在研究的社会成果转化方面力争取得较大的突破。

二、展开产、用合作平台，推动文化产业资源与数字资源融合

伴随着信息化时代潮流，文化创意产品产业逐渐兴起。文创作为行业术语其全称是"文化创意产业（cultural and creative industries）"，是一种在当前世界各国紧密联系的大环境下必然产生的以其文化创造力和文化创意精神为重点创新型产业，它以主体文化贯穿始终，文化创作个人或群体利用先进的技术手段进行产品的创造，其关键之处是强调营销知识产权。文化艺术创意涉及多个领域，主要有广播影视、动画、音乐、媒介、视觉艺术、演示与艺术设计、工艺和美术设计、雕塑、广告装饰、计算机科学与技术、大数据等。中国近几年的文化表演艺术产业市场欣欣向荣，大型歌剧院馆、艺术馆等如雨后春笋般出现，这表明人们开始寻找新的发展出路，即逐渐注重文化产业的创新发展。

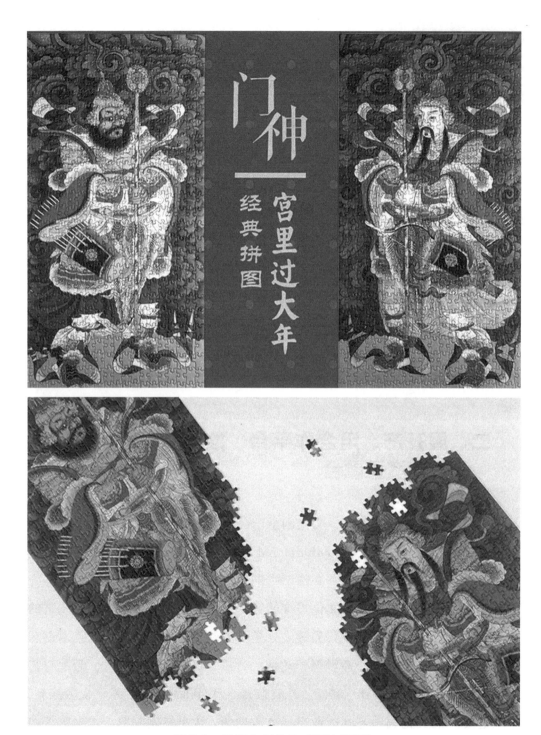

图 9-1　故宫文创作品"门神拼图"

（一）产

文化创意产业门类众多，文化遗迹的数字化资源主要在文博旅游、传媒产业、动漫游戏产业方面有着较为紧密的联系。

文博旅游产业主要是指以文物、非遗与博物馆等历史文化资源为对象开发的旅游产业，其中也包括文物的保护与修复、遗迹遗址的保护开发等相关产业。其中数字化旅游业是近年来发展最为迅速的方向。在数字化旅游业中，遗址遗迹景区的数字化旅游服务最为核心，如通过触摸屏、球幕、环幕等显示器为游客进行虚拟场景的展示，通过门户网站、移动 App 为游客提供大数据信息服务，如宾馆饭店信息、线路设计信息、旅游交通信息、购物娱乐信息、自然灾害防护信息等，方便游客随时查阅和互动。伴随着"十四五规划"中巩义宋陵保护展示工程的开展，面向更多游客的景区设置会越来越规范，因此皇陵的数字化资源将会有更多的使用空间。

传媒产业是指生产、传播以文字、图形、艺术、语言、影像、声音、数码、符号等形式存在的信息产业以及各种增值服务产业。作为文化创意产业中的核心组成部分，传媒产业能量巨大，一旦与数字化资源进行整合，将会极大提升北宋皇陵的社会影响力。传媒产业是一种"注意力经济"与"影响力经济"，而形成注意力和影响力的关键核心在于"内容"。数字化资源的形成正是传媒产业所迫切期望的内容。无论是传媒产业中传统的电视、广播、电影、报纸、杂志等传统传播手段，还是数字电视、手机媒体、IPTV、移动多媒体广告等新媒体形态，都会将数字化的北宋皇陵进行更加广泛的传播和引流。

动漫游戏产业包括动漫产业和游戏产业两个部分，两者都是当下文化创意产业中的朝阳产业，当前众多国家和地区纷纷出台相关政策方针，培育动漫游戏产业的发展。在该产业领域中，创意是核心因素，但是创意并不是凭空而来，而是需要以文化作为原创生发支点，这是因为动漫游戏产业的结果就是文化产品，在本质上属于一种文化活动，这就决定了很大程度上来自于文化资源。北宋皇陵的数字化资源可以以文物古迹遗址为创意，为动漫游戏的场景设计、动漫游戏教学的空间背景等提供大量的资源支撑，而伴随着皇陵文化的历史文化名人和历史事件又能够为动漫游戏的创意生产、剧本制作提供大量的素材。

（二）用

北宋皇陵中所包含着大量历史资料信息，建筑、文物、历史故事等均是研发团队取材的宝库。无论是墓志、砖、瓦等古代建筑构件，垂兽、鸱吻、动物头部、兽首等古代建筑装置，以及玉册、瓷器、石器、铜质铁器、木装饰品等古代文物，都可以利用现代数字化扫描形成开源数据资源库。近年来，伴随着相关宋文化主题的文学影视作品的传播，对于宋代的饮食起居，吃穿用度的物质化产品的需求越来越大，但是目前市场上与之相关的文创产品较为稀少。究其原因就在于针对宋代文物的数字化资源没有得到很好的利用和开发，大量的数字化资源被局限在文保单位和政府部门，仅仅用于文物的保护、修复和相关管理，却忽视了市场对文化创意产品的真实需求。宋代物质数字化信息的缺失与市场对宋文化创意产品的渴求形成了巨大的中空地带，水平参差不齐的文创企业只能凭空想象、凭空杜撰相关的宋代文化创意产品，众多似是而非的文创品充斥市场。因此如果北宋皇陵的数字化资源能够进入商业开发环节，便可以让文创企业或者文创设计师们从深处去挖掘这其中的特点并将其广泛应用于受市场欢迎的载体中。北宋皇陵文创产品应该充分兼具宋文化底蕴及其流行时装元素，将这些融合性的创意元素与箱包、服饰、首饰、手机壳等相结合。摘取有潜力成为爆款的墓志名句，添加到帽子、眼罩、钥匙扣、折扇等上面，都可以形成具有创意的文创产品。

结语

  宋朝对于现代人来说常有一种爱恨交加的感觉。"恨"在于以教科书上的评判认为宋代是"积贫积弱"的时期。宋史研究名家邓小南评价道:"这种认识框架基本是近代以来形成的,包含着当代人的民族情感和反观历史的体悟;对'自立于世界民族之林'的憧憬,往往与对汉唐盛世的怀念联系在一起。"与其观点形成对比的"爱"是一大批海外汉学家用相对来说超然的心态来看待宋朝,甚至于产生了完全是两极分化的评价。例如哈佛大学教授费正清的研究认为,北宋与南宋是中国古代历史上最为璀璨的时代,在宋代包含有很多近代时期的城市文明特点,从这个意义上来讲能够将其看作是"近代早期"。大多数汉学家认为,虽然从军事层面和其势力范围来权衡,宋代被认为是个薄弱的时期,但是从经济发展与社会繁荣的水平状况,宋朝的确能够称得上是中国古代历史中最具人文精神、教育水平与思想意识最高的时代之一。假如将中国 2000 多年的封建帝制进行一下对折的话,宋朝所处的恰好是中间的时间节点,许多史学家认为,在这个对折点的唐宋之交曾发生过一场"唐宋变革",中国历史由此从"中世纪的黄昏"转而进入了"近代的拂晓"。

  日本史学家内藤湖南在 19 世纪末最早提出这一观点:"唐代是中世的结束,而宋代则是近世的开始。"美国孟菲斯大学教授孙隆基进一步阐释:"在我们探讨宋朝是不是世界'近代化'的早春时,仍得用西方'近代化'的标准,例如市场经济和货币经济的发达、都市化、政治的文官化、科技的新突破、思想与文化的世俗化、民族国家的成形,以及国际化等这一组因素,宋代的中国似乎全部齐备,并且比西方提早 500 年。"复旦大学文史研究院院长葛兆光提出,"唐文化是'古典文化的巅峰'",而宋文化则是"近代文化的滥觞"。这二者间的差异,用一种较为简便的方式加以概括,即从唐至宋是"平民化、世俗化、人文化"的发展趋势。

正如陈寅恪先生所言："华夏民族之文化，历数千载之演进，造极于赵宋之世。""穿越到宋朝"的路径，换言之，今日和宋朝时期之间的一个衔接点，是一种"生活美学"。一方面来看，是今天的社会生活与艺术正在产生着"审美的泛化""生活艺术化"，与此同时，"艺术生活化"，艺术和生活之间的分界逐渐变得不清晰。追根究底，中国的本土传统价值思想当中，艺术和生活、创新与鉴赏一直以来都有内在相通的关系，从某种程度和意义上讲，中国的古典美学就是一种十分鲜活的"生活美学"。从另一方面讲，即为"审美的升级"，从日本美学中传入的一些大朴若拙的"侘寂之美""匠人精神"，基本都可以从宋朝的器物中寻找到其源流，而在宋朝时代体现出的极简风格，又可以与当今的艺术文化精神之间相互契合。

正是基于此，北宋皇陵文化资源的数字化重构能够持续给我们带来应用和创新的动力。数字化资源可以为关于宋代的社会科学研究提供系统支撑，也可以为以宋陵为核心的保护展示区提供数字化文旅服务，再有可以为以宋文化为对象的文化创意产品提供资源支持，最后能够为北宋皇陵所肩负的公众教育、传承文明的重任提供保障。

文化遗迹类的数字化保护利用工作任重道远，伴随着技术的进入、观念的更新，会有越来越多的科研人员进入到文化遗迹数字化保护利用的工作中，为我们的后人留住更多更丰富的民族文化遗产。

参考文献

［1］黄景略，叶学明．中国的帝王陵［M］．北京：中国国际广播出版社，2010：125．

［2］卫琪．略谈宋陵神道石刻艺术［J］．中原文物，2005（5）：78-81．

［3］刘毅．中国古代陵墓［M］．天津：南开大学出版社，2010：116．

［4］巩义河洛文化丛书编纂委员会．河洛文化丛书——北宋皇陵［M］．郑州：中州古籍出版社，2008：50．

［5］秦大树．试论北宋皇陵的等级制度［J］．考古与文物，2008（4）：40-51．

［6］雷玉华．唐宋丧期考——兼论风水术对唐宋时期丧葬习俗的影响［J］．四川文物，1999（6）：82-86．

［7］叶春芳．北宋皇帝丧葬礼仪的性质及其对北宋社会的影响［J］．深圳大学学报：人文社会科学版，1995，12（3）：52-61．

［8］［日］竺沙雅章．宋朝的太祖和太宗——变革时期的帝王［M］．方建新，译．杭州：浙江大学出版社，2006．

［9］游彪．正说宋朝十八帝：图文本［M］．北京：中华书局，2005．

［10］娄昭，李娜．论南北宋陵布局［J］．地域研究与开发，2011，30（4）：162-164．

［11］沈睿文．唐陵神道石刻意蕴［J］．考古与文物，2008（4）：34-39．

［12］郭湖生，戚德耀，李容淦．河南巩县宋陵调查［J］．考古，1964（11）：564-577．

［13］傅永魁．巩县宋陵客使初探［J］．中原文物，1988（3）：70-75．

［14］邵锡惠，龚志辉．近景摄影测量在宋陵石刻测绘中应用的几个问题［J］．解放军测绘学院学报，1955，12（1）：38-45．

［15］侯月桂，楚战国. 浅论巩县宋陵所派生的地名［J］. 中原文物，1988（4）：85-87.

［16］冯继仁. 论阴阳勘舆对北宋皇陵的全面影响［J］. 文物，1994（8）：55-68.

［17］丁双双，魏子任. 论唐宋时期丧葬中的佛事消费习俗［J］. 河北学刊，2003,23（6）：151-155.

［18］陈朝云. 北宋陵寝制度研究［J］. 郑州大学学报，2003,36（4）：73-77.

［19］冉万里. 宋代丧葬习俗中佛教因素的考古学观察［J］. 考古与文物，2009（4）：77-85.

［20］孟凡人. 北宋帝陵石像生研究［J］. 考古学报，2010（3）：323-360.

［21］王星光，贾兵强. 中原历史文化遗产可持续发展研究［M］. 北京：科学出版社，2009.

［22］单霁翔. 留住城市文化的"根"与"魂"——中国文化遗产保护的探索与实践［M］. 北京：科学出版社，2010：68.

［23］孙克勤. 周口店北京人遗址世界遗产资源管理研究［J］. 资源与产业，2012,14（1）：69-75.

［24］康永波，陈玲玲，刘正威，等. 殷墟世界文化遗产的可持续发展研究［J］. 资源开发与市场，2011（12）：1118-1121.

［25］谢德娟. 西汉帝陵大遗址区生态景观构建研究［D］. 西北农林科技大学，2011.

［26］王双怀. 关中唐陵的地理分布及其特征［J］. 西安联合大学学报，2001,4（1）：63-66.

［27］孙克勤. 世界文化与自然遗产概论［M］. 2版. 武汉：中国地质大学出版社，2012：5.

［28］陆建松. 中国大遗址保护的现状、问题及政策思考［J］. 复旦学报：

社会科学版，2005（6）：120-126.

［29］张莹莹，张鑫岭，张玉峰．河南宋陵：被遗忘的沧桑皇陵［N］．中国文化报，2011-11-23（5）.

［30］杨予川．宋陵石刻病害问题的探讨［N］．中国文物报，2008-05-09（8）.

［31］周明全，耿国华，武仲科．文化遗产数字化保护技术及应用［M］．北京：高等教育出版社，2011：3.

［32］国家发展改革委，国土资源部，环境保护部，等．国家"十二五"文化和自然遗产保护设施建设规划［Z］．2012.

［33］陈麟辉．在主体间性视域下提升名人纪念馆社会教育功能的路径［J］．中国博物馆，2018（1）.

［34］盛小云．充分发挥博物馆、美术馆等公共文化设施社会服务功能［J］．中国艺术报，2019（3）.

［35］姚安．博物馆12讲［M］．北京：科学出版社，2011.

［36］国家文物局博物馆与社会文物司．新形势下博物馆工作实践与思考［M］．北京：文物出版社，2010.

［37］李向民，王晨，成乔明．文化产业管理概论［M］．太原：书海出版社，2006.

［38］Neil Kotler，Philip Kotler．博物馆战略与市场营销［M］．北京：北京燕山出版社，2006.

［39］马爱民．博物馆产业化发展趋势研究［J］．社会纵横，2011（3）.

［40］齐萌．基层博物馆文创产品开发的几点建议［J］．低碳世界，2018（12）.

［41］周崛夏，刘燕．博物馆文化创意产品的设计与开发机制：评《创意设计与文化产业》［J］．中国高校科技，2018（11）.

［42］王柳庄，胡好．博物馆文创产品设计开发的观念与方法［J］．设计，2018（21）.

［43］谷莉.互联网＋背景下博物馆文创产品营销研究：以江苏省为例［J］.戏剧之家，2017（23）.

［44］LI Jiao.Marketing innovation strategy of museum cultural and creative products under the background of "Internet+"［J］. World of Cultural Relics，2017（2）.

附录："文化遗产数字化"领域的相关网站

中国非物质文化遗产网·中国非物质文化遗产数字博物馆：http://www.ihchina.en/

联合国教科文组织：http://www.unesco.org/

英国图书信息网络办公室（ukoln）：http://blogs.ukoln.ac.uk/

拓展台湾数字典藏计划：http://content.ndap.org.tw/World Heritage sites in panophotographies: http://www.world-heritage-tour.org/

DigiCult：http://digicult salzburgresearch.at index.php

国家文物局：http://www.sach.gov.cn/

世界文化遗产网：http://www.wchol.com/

中国大学数字博物馆：http://www.gzsums.edu.cn/2004 museum/

ArtChaology：http://www.artchaology.com/

文化遗产保护科技平台：http://kj.sach.gov.cn/

The Centre des monuments nationaux: http://www.monuments-nationaux.fr/en/

Virtual World Heriage Laboratory: http://wwhl.clas.virginia.edu/mission.html

兵马俑：http://www.cs.iupui.edu/~jzheng bingmayong/e-index.Html

Stanford Digital Forma Urbis Ronae Projet: http://fmarbi.sanord.edu/index.html

数字古迹在线：http://www.heiage online com.en/index.asp

VHAPBD—Vitual Heriag: Hghrqualty 3D Aquistion and Penation：http://www.vihap3d.org/news.html

Digtal Libraries Iitiative: Cultural Hriag：http://ee.europa.eu/information_

society/ativitis/digital_libraries cultura/index_en.htm

AAT 艺术和建筑类在线词典：http://www.getty.edu research conducting_research/vocabularies/aat/index.html

法国国家图书馆 http://signets.bnf.fr/

CAMEO——文物保护及艺术材料在线百科全书（MFA 波士顿）：http://signets.bnf.fr/

CHIN 加拿大文化遗产信息网络：http://www.chin.gc.ca/

CoOL- 文物保护在线（斯坦福大学）：http://palimpsest.stanford.edu/

文化遗产保护培训与教育（Robert Gordon，艾伯丁大学）：http://www.rgu.ac.uk/schools/merg/stuni.htm

文化遗产搜索引擎：http://www.culturaheritage.net/

e 保护科学（卢布尔雅那大学）：http://reul.uni-j.si/~eps/index.html

ECPA- 欧洲保护与存取委员会：http://www.knaw.n/ecpa/

欧洲文化遗产网络（科隆应用科学技术大学）：http://www.echn.net/echn/

IICROM- 文化财产保护与修复国际研究中心：http://www.iccrom.org/engnews/iccrom.htm

ICOM-CC 国际博物馆协会——文物保护委员会：http://www.icom-cc.org/

IIC——国际文物保护协会：http://www.iconservation.org/

ILAM——拉丁美洲博物馆协会：http://www.ilam or/

INCCA——国际当代艺术保护网：http://ww.icca ory/

IAQ- 博物馆与档案馆室内空气质量：http://ww ing dk/

艺术科学—科学艺术：http://www.kusalaswisisenschaf.de/de/index.html

纽约文物保护基金会：http://www.nyef.org/

OCIM- 博物馆合作和信息局（勃艮第大学，第戎）：http://www.ocim.fi/sommaire/

绘画颜料研究计划 Pigmentum projeet：http://www.pigmentum.org/

历史与文化专题网络（CSIC- 西班牙）：http://www.rtphe.esic.es/

WAAC-西部艺术品保护西部协会: http://palimpsest.stanfrd.edu/waac/

欧洲建筑遗产保护技艺训练中心 Centro Europeo di Formazione degli Artigiani

perla conservazione del patrimonio rchittonico: http://www.trevenezie.i/sw_centro_europeo.htm

欧洲大学文化财产中心 Centro universitario europeo per i Beni Culturali, Vlla Rufolo: http://www.amalficoast.it/cuebe

作者简介

薛峰，1981 年出生，郑州人，西安美术学院美术史论系毕业，美术学博士，河南大学历史文化学院博士后，现于郑州轻工业大学艺术设计学院任教，副教授，硕士研究生导师，意大利卡梅里诺大学联合博士生导师。研究主要集中在中国古代物质文化史，传统手工艺理论，非物质文化遗产保护等领域。

李芳，清华大学社会科学学院人类学专业博士，师从张小军教授，湖南师范大学民族学与人类学研究中心兼职研究员，现任教于北京理工大学设计与艺术学院。从事文化遗产研究，文化遗产资源数字化保护与应用、数据库元数据标准与建设等领域研究。从事文化遗产研究，文化遗产资源数字化保护与应用、数据库元数据标准与建设等领域研究。主持三项国社科纵向课题，"土家族舍巴节""北京厂甸庙会"（国家社科基金重大委托项目《中国节日影像志》子课题）；"土家族史诗《八部大王》"（国家社科基金特别委托项目《中国史诗百部工程》子课题）。参与多项国家社科基金项目。发表《在线数据库交互式信息可视化出版的策略研究》《大型专题文献类图书数据库建设的困境与对策研究》《非物质文化遗产口述史图书编写出版的思考》《新格局下史诗类图书编写出版的模式探讨》等数十篇论文。出版《北京周边山区历史景观图》系列（十三五国家重点图书）、《土家族非物质文化遗产传承人口述史·刘代娥口述史》《北京长城城堡考察手记》（北京市宣传文化引导基金项目）、《城市文脉与城市文化空间研究》、《解读〈承德老街〉》等多本著作。